国家自然科学基金项目“制度变迁、社会嵌入与订单农业契约稳定性研究”（批准号：71663014）
海南大学应用经济学博士点建设项目
共同资助

海洋经济与南海开发论丛

# 海南热带森林资源变动下经济、社会和生态协调发展研究

## Research on the Coordinated Development of Economy,Society and Ecology under the Change of Tropical Forest Resources in Hainan

邓须军◎著

中国经济出版社
CHINA ECONOMIC PUBLISHING HOUSE
北 京

**图书在版编目（CIP）数据**

海南热带森林资源变动下经济、社会和生态协调发展研究/ 邓须军著．
—北京：中国经济出版社，2019. 5
ISBN 978-7-5136-5674-0

Ⅰ.①海… Ⅱ.①邓… Ⅲ.①热带林—森林资源管理—研究—海南 Ⅳ.①S718. 54

**中国版本图书馆 CIP 数据核字（2019）第 080293 号**

责任编辑　宋庆万
责任印制　巢新强
封面设计　华子图文设计公司

**出版发行**　中国经济出版社
**印 刷 者**　北京九州迅驰传媒文化有限公司
**经 销 者**　各地新华书店
**开　　本**　710mm×1000mm　1/16
**印　　张**　13. 75
**字　　数**　190 千字
**版　　次**　2019 年 5 月第 1 版
**印　　次**　2019 年 5 月第 1 次
**定　　价**　56. 00 元
**广告经营许可证**　京西工商广字第 8179 号

**中国经济出版社** **网址** www. economyph. com **社址** 北京市西城区百万庄北街 3 号 **邮编** 100037

# 前　言

森林资源与其他自然资源一样，对于一个区域的经济、社会和生态的影响具有同等重要的作用。合理利用森林资源不仅对促进区域经济、社会和生态之间的协调发展具有重要意义，而且对地区的可持续发展也具有重要意义。对经济、社会和生态协调发展的研究是林业经济研究的热点，也是区域经济研究的重点之一。海南作为国际旅游岛以及我国最大的经济特区，森林资源对于旅游业发展、经济林建设以及环境维护具有重要的作用。该区域具有较明显的热带特色和岛屿特点，是一个相对独立的自然和经济社会系统，自然资源的变化对岛内经济、社会和生态有较大的影响。本书以此为切入点对海南国际旅游岛进行研究，从森林资源动态变化分析着手，探讨森林资源变动与海南省经济、社会和生态发展间的关系，深层次揭示三者之间的作用机理，探讨它们之间的协调性，分析影响协调发展的因素，并进一步建立协调发展机制。

在相关研究的基础上，运用现代林业理论、协调发展理论、森林可持续发展理论、绿色发展理论、循环发展理论、生态文明理论和制度创新理论，利用统计数据和调研数据，借助于灰色关联分析、序关系分析和数据包络分析等研究方法，系统分析森林资源变动下海南国际旅游岛建设中经济、社会和生态协调发展的作用机理，构建协调发展的评价指标体系；通过灰色关联分析法对森林资源变动与状态参量间的关联分析，形成时序和动态的协调分析框架，对三者间的协调度和协调发展度进行表征；进一步对森林资源结构进行优化，利用 DEMATEL 研究方法对协调发展影响关键因素进行提取，在此基础上构建协调发展机制并提出可行性建议。

经过研究，得到以下结论。

（1）确定森林资源变动下海南经济、社会和生态协调发展机理。在对经济、社会和生态协调发展特征与影响因素进行分析的基础上，对协调发展演化的机理进行分析。结合海南森林资源的变动特性以及海南经济、社会和生态协调发展自身规律，建立以资源环境与经济间的协调演化、森林资源环境与社会间的协调演化及经济与社会间的协调演化体系。通过对协调演化机理的分析，揭示海南热带森林资源、经济、社会和生态协调发展的演化轨迹，从协调衰退型到经济主导型再到协调发展型的转变。

（2）构建森林资源变动下海南经济、社会和生态协调发展指标体系。在国内学者对经济、社会和生态协调发展评价指标体系分析的基础上，根据海南的实际状况，构建海南经济、社会和生态协调发展的评价指标。在考察森林资源变动条件下，明确经济与社会、经济与生态和社会与生态之间以及三者间的理论关系。选取与协调度表征相关的系统参量，利用各参数对系统的状态进行描述，从而形成协调发展的评价指标体系。初选评价指标体系为 1 个目标层、3 个系统层和 31 个指标，依据森林资源的变动趋势和规律对初步选取的参量指标，运用灰色关联度模型确定目标变量和状态参量关联关系，按照关联度的排序进行筛选，最终确定评价指标体系为 1 个目标层、3 个系统层和 20 个指标。

（3）运用序关系分析模型以及协调度模型确定协调度。根据选取的协调发展指标体系，利用序关系分析法对指标进行赋权，经济发展 B1、社会发展 B2 和生态发展 B3 所对应的权重为 0.3092、0.2577、0.4329。利用协调度模型对海南 1993—2015 年经济、社会和生态发展指数进行测算，并进一步对协调度进行动态评估和分析。发展指数测算的结果显示：经济发展指数水平低且不够稳定，其中最低值为 1998 的 0.0667，最高值为 2014 年的 0.2473；社会发展指数表现出较为平稳的上涨，最低值为 1998 年的 0.1286，最高值为 2015 年的 0.2193；生态发展指数要高于经济发展和社会发展水平，最低值为 1993 年的 0.2313，最高值为 2015 年的 0.3100，在生态发展方面表现得较为优异。通过对经济与社会、经济与生态、社会与生态及三者协调度分析，其结果显示两两系统间大多处于一般协调和优良协调阶段，尤其是在2003年之后表现较明显。从三系统协调度来看，2008年是一个分界点，2008年之前都处于一般失调和勉强协调，之后为一般协调和优良协调，其中最低值为1998年的0.2259，最高值为2013年的0.9212。由此可以看出，海南通过20多年的发展，经济、社会和生态发展水平都有较大程度的提高，三者的协调度表现得越来越好。

（4）运用理想值求取模型、不确定性方法评价发展度，利用优化模型对森林资源结构进行优化。借助于“相对量”的思想对发展度进行重新思考，利用实际值与理想值的相对量来对发展度进行表征。利用DEA分析方法的$C^2R$模型对理想值进行测算，借助于不确定性分析的集对方法对实际值和理想值度量发展度。计算的结果表明：1993—2015年，系统发展度基本处于中等水平，其中2009年之前发展度都低于0.5，之后发展度高于0.5，2014年达到期间的最高值0.6812。而协调发展度最低值为1998年的0.1038，为严重失调；最高值为2015年的0.6196，为一般协调发展。通过森林资源结构优化，在设定的20个林型配置方案中，以效益值为标准，5种方案为可行方案，其中方案6和方案11生态效益相对较高，方案5和方案6经济效益较高，方案11社会效益较高，方案6综合效益最高。因此，方案6应成为森林结构调整的优选方案。由此可见，海南建省以来森林资源得到了快速的发展，但结构不平衡的问题依然存在，还需不断进行调整。

（5）运用DEMATEL模型分析协调发展的关键影响因素并建立协调发展机制。利用DEMATEL研究方法对协调发展影响因素的原因度和中心度进行计算，建立坐标系确定各影响因素所在的象限位置，确定国际旅游岛战略、森林资源保护和补贴政策以及森林法的实施三个关键影响因素，确定区位、居民受教育程度、林业经营者和交易市场完善程度四个次关键因素，以及自然条件、森林资源状况、经济发展水平、热带经济林发展、林业投资五个被影响因素。在此基础上构建三者协调发展机制及调控手段，分别是治理机制、市场机制、合作机制、利益分配机制和援助机制。同时，提出倡导绿色发展、完善协调发展机制、提高承载力、推进岛屿一体化建设、调整森林资源结构与布局等建议和对策。

# 目　录

# 第1章 绪 论

## 1.1 研究背景

森林资源是一种特殊的自然资源，与其他自然资源一样，对于社会发展同等重要，是环境保护的必要条件之一。森林资源不仅能为人类提供多种多样有形的林产品，还能提供无形产品，发挥其他资源所不能产生的独特的生态功能。由于大多数国家对森林资源重视程度不足，导致全球森林资源急剧减少。生态环境恶化、经济发展停滞以及社会发展倒退等各类问题也逐渐显现。因此，欧美等一些发达国家或地区，纷纷制定了有关森林保护的法律法规，积极地保护本国的森林资源，在最大程度上促进了森林资源功能的完善与效用的发挥，使森林资源与经济、社会、生态发展步调相一致。

热带森林资源是世界森林资源的重要组成部分，目前热带森林资源主要分布在亚太、非洲和南美洲地区。海南是我国主要的热带地区之一，有着丰富的热带森林资源，是中国森林资源重要的组成部分。自新中国成立以来，在自然和人为因素的双重作用下，海南的热带森林资源遭到了极大的破坏，森林覆盖率不断下降，森林质量不断降低。海南是以海南岛为主体的岛屿省份，由于独特的区域特性，其生态系统非常脆弱，恢复难度较大。由以上特性可以看出，热带森林资源在维持岛屿生态平衡和区域经济、社会发展方面起着不可替代的作用。热带森林资源不仅可以作为一个产业来开发，而且承载着经济、生态和社会等多种功能和效益。海南岛作为一个欠发达地区，由于生产力水平较低，思想观念相对落后，对热带森林资源的利用和开发较为无序，产生了热带森林资源分布不平衡、森林功能退化等问题。

“海南国际旅游岛建设”战略、“一带一路”倡议及绿色产业发展战略的实施，对岛屿环境提出了更高的要求。国际旅游岛建设作为国家重大的战略部署，在2020年将海南建设成为世界一流的海岛休闲度假旅游胜地，使之成为开放之岛、绿色之岛、文明之岛、和谐之岛。森林资源及其环境的改善对于国际旅游岛的建设是至关重要的，是整个战略实施的基础条件，因此，必须对热带森林资源进行有效、合理的利用。优良的热带森林资源不仅对海南自然环境的维持有着重要影响，还对旅游产业、农业和林业等产业都具有不可或缺的作用。如何使热带森林资源与国际旅游岛建设形成均衡发展，必须对森林的动态变化有一个全面的认识，以此分析热带森林资源在国际旅游岛建设中所带来的影响，同时也对热带森林资源变动的原因做出分析，以期更好地掌握森林资源在时间上或空间上的变动差异。海南作为一个岛屿系统，受森林资源的变化影响较大，如何在森林资源变动的基础上，构建森林资源变动与国际旅游岛建设中经济、社会和生态的关系，并进一步对它们之间的协调度和协调发展度进行评价，分析森林资源环境变动及海南经济社会发展情况是否协调，不仅有利于海南省政府在国际旅游岛建设中就“绿色之岛”发展的路径做出选择，还有利于在热带森林资源的变动过程中协调好经济发展和社会发展的关系，制定合理的森林资源利用对策。本书拟解决以下几个核心问题：其一，对森林资源变动下系统的演化机理进行分析。探讨热带森林资源动态变化与国际旅游岛建设中经济、社会和生态的关系，提出影响系统协调发展的自组织和他组织因素及特征。其二，对国际旅游岛建设中协调度和协调发展度进行表征，并对森林资源结构进行优化。根据热带森林资源变动下系统的内在关系和影响因素，利用灰色关联分析方法构建一套较为科学合理的评价指标体系，借助于序关系分析法确定权重，结合相关模型对协调度和协调发展度进行表征，并利用优化模型对森林资源结构变动进行优化。其三，对在森林资源变动下经济、社会和生态协调发展的影响因素进行分析，提出协调发展机制。在上述分析的基础上，构建海南国际旅游岛建设过程中经济、社会和生态之间的协调发展机制并提出政策建议。

## 1.2 研究的目的和意义

### 1.2.1 研究的目的

本书以国际旅游岛建设为背景条件，对海南热带森林资源变动下经济、社会和生态协调度和协调发展度进行表征，并构建协调发展机制，以期促进海南森林资源最大限度地优化利用并推进经济社会的可持续发展。研究目的主要表现为以下几个方面。

（1）立足国际旅游岛建设背景，探索森林资源变动对国际旅游岛环境的影响以及对经济和社会的协调发展性。森林资源变动对于国际旅游岛建设的协同性主要表现为：一是森林资源的变动会对热带森林旅游产生影响，从而改变当前海南国际旅游岛旅游的格局，热带森林旅游可能会成为拉动海南旅游经济的重要组成部分；二是森林资源的变化，会导致海南岛内自然、生态及人文环境的变化，根据其协调性以便为制定国际旅游岛发展策略提供相应的依据，为资源的有效开发、利用和生态旅游环境的保护制定相应的策略。

（2）从热带林业产业发展的角度，探讨森林资源变动下天然林和经济林之间的协调发展状况，并通过森林资源的结构优化，提出相应的发展模式。在实现协调发展的过程中，一方面，应促进天然橡胶产业稳定发展，确保战略资源供应安全，促进桉树、槟榔、椰树等经济林发展，提高当地农民的收入水平；另一方面，在上述经济林发展的同时，保证森林资源利用的恰当比重，形成森林资源结构的优化，保证防风林的数量，防止热带风暴和台风对海南的影响。

（3）从影响因素的中心度和原因度着手，分析影响海南经济、社会和生态的关键影响因素。协调发展受众多因素影响，包括政策因素、区位因素、自然环境因素和社会发展因素等，每个因素对协调发展的影响程度都不一样。通过研究能够揭示出经济、社会、生态与其他因素间的关联程度和影响程度，从而通过对影响因素的调整来提高三者的协调性。

（4）从制度的设计上，根据国际旅游岛建设的发展定位，构建适合海南热带森林资源变动下，经济、社会和生态协调发展机制。在对海南森林资源变动系统协调发展评价的基础上，构建一套较为合适的协调发展机制。在森林资源经营者和决策者据此对森林采取保护、经营、开发利用的同时，为区域经济、社会、生态更加协调发展提出相应的措施。

## 1.2.2 研究的意义

### 1.2.2.1 理论意义

随着“绿色发展”理念的提出，经济社会发展与森林资源环境高度融合，这也使得研究领域产生了一系列的变化，从单一学科领域向多学科交叉领域变化。在研究方法上也出现了新的变化，形成了多种方法的综合使用。领域的交叉和分析方法的融合，也产生了许多新的成果。森林资源作为自然资源的重要组成部分，对于经济社会的发展至关重要。当前，经济社会高速发展，森林资源利用也产生了新的问题。过去相对单一的研究方法以及研究领域的隔离难以解释出现的新的现象和问题，经济社会的发展需要一些系统的思想和方法。工业废气排放、水土流失及温室效应产生等环境恶化现象使人类越发注重森林资源的开发和利用，要让森林资源自身的功能和特性得以更好地发挥。因此，在这一新的形势下，如何把森林资源与社会经济发展结合起来，形成特定的系统，对两者所产生的关联问题进行分析探讨，利用不确定理论以及灰色关联理论等研究方法来研究交叉性的问题，就成为重中之重。本书将以此为导向进行研究，进一步充实热带森林资源评价和区域协调发展的研究思路和研究方法。

#### 1.2.2.2 现实意义

本书立足“海南国际旅游岛”建设背景，在森林资源变动的状况下，最大限度地促进海南省森林资源的合理优化利用，从而推动经济、社会和生态的协调发展。把协调发展规律与森林资源变动进行结合，把经济、社会和生态协调发展作为衡量森林资源变动及可持续利用的一个指标，指导森林资源的利用决策，实时地对森林资源的变动进行监测，还可以对森林资源变动或利用的绩效评价形成一个新的角度，揭示森林资源利用中存在的问题。通过经济、社会和生态的协调度评价，为海南国际旅游岛建设和发展绿色之岛提供依据，为海南国际旅游岛建设以及经济社会可持续发展提供智力支撑，实现森林资源发展利用的可持续与经济社会发展的可持续。对森林资源变动系统的发展规律进行深入研究，探讨经济、社会和生态之间的协调关系，有助于决策者更好地把握森林资源变动下经济社会生态协调发展的趋势，对如何实现海南国际旅游岛建设目标有较强的实践意义。

同时，本书符合《中共中央国务院关于加快林业发展的决定》，热带森林资源是我国森林资源重要的组成部分。通过对海南热带森林资源变动的评价，可以促进热带森林资源的利用以及合理地规划森林资源的使用，最大化地扩展海南热带森林资源在经济功能和社会功能上的重要现实意义。本书可以为其他热带区域利用森林资源提供借鉴作用，通过对经济、社会和生态协调度的评价及协调发展机制的建立，也可以为中国其他热带和亚热带区域森林资源提供相应的经验借鉴，促使其他省份热带森林资源的动态以及协调发展评价更为科学。

## 1.3 国内外研究现状综述

森林资源是人类赖以生存的重要自然资源，是林业发展以及生态建设的基础。森林资源的研究是世界研究的永恒话题，国内外学者从不同的角度对这个问题进行过深入的研究。本书主要以“海南国际旅游岛”建设为背景，把森林资源作为动态系统，探讨系统变动下的经济、社会和生态间的协调关系。

### 1.3.1 国外研究现状

国外学者的研究起步较早，大部分学者都是从森林的可持续发展、森林生态、生态经济协调等方面进行研究的。20 世纪 70 年代后，森林破坏严重，引发的生态问题逐渐显现，森林的经济功能逐渐被生态功能所替代，森林生态成为森林资源研究的重点。[1]

#### 1.3.1.1 森林资源可持续发展研究

20 世纪 90 年代的“里约热内卢联合国环境与发展大会”和 21 世纪初的“约翰内斯堡联合国可持续发展世界首脑会议”召开之后，可持续发展思想一直受到各国的关注，同时可持续的相关研究也受到专家和学者们的青睐。可持续发展与森林资源开发利用关系非常密切。森林资源的可持续利用与评价作为可持续发展的一个重要组成部分，许多学者都对比进行了深入的研究和探讨。多个国家也相继制定了森林可持续经营标准，进行了可持续发展评价指标的设计和研究，包括国际热带木材组织进程（The ITTO Process）、赫尔辛基进程（The Helsinki Process）[2]、蒙特利尔进程（The Montreal Process）、非洲干旱区进程（The Dry Zone Africa Process）等。[3]其中，标准和评价指标包括森林资源状况、生物多样性、森林健康程度、森林保护、森林法律和社会经济功能等，较为系统地评价了森林资源可持续发展水平，涉及可持续发展的经济、社会和环境等多个方面。

E. B. Barbier（1987）就可持续发展所涉及的内容和体系进行了全面的分析，揭示了可持续发展的特性和本质。20世纪90年代，又提出了简单、直观及易于操作的指标体系和评价方法，从不同角度或不同地域对森林的可持续性进行了研究。R. T. T. Forman和I. S. Zonneveld（1990）从空间配置角度探讨了可持续发展。[4] J. S. Maini（1990）对加拿大林业部门进行研究，研究加拿大森林可持续发展的基本问题，并对此进行评价和分析。[5] D. W. Pearce和J. J. Warfird（1993）把经济、环境和可持续发展结合起来分析，揭示它们之间的内在关系。[6] P. G. Richard和S. M. Cordray（1991）提出了森林如何可持续的命题，对森林实现可持续发展的因素进行了分析。[7] B. E. Castañed（1999）针对生态经济的可持续发展提出了指标体系。[8] Robert B. Wallace，R. Liliant和E. Painter（2002）对亚马孙热带森林生态模式进行研究，原创性地提出生态管理模式。[9] Patrick Bottazzi，Andrea Cattaneo，David Crespo Rocha等（2013）研究森林可持续管理的方法，重点关注农民的劳动投入比补偿更具成本效益，在某些情况下实现家庭收入改善最合适的是选择直接支付。[10] Robert J. Luxmoore、William W. Hargrove和M. Lynn Tharp（2002）把管理决策中的信号传递模型运用到森林可持续经营中，在多用途目标问题上得以运用。[11]

#### 1.3.1.2 林业生态和价值研究

森林生态评价最早产生于森林游憩价值的评价。美国学者M. Clawson（1959）利用旅行费用来对森林游憩价值进行估算，并提出了旅行费用法（TCM）。20世纪中后期，生态问题成为人们关注的焦点，以环境和资源经济为理论基础的森林生态评价成为当时人们研究的热点。20世纪70年代，日本政府通过了《森林公益效能计量调查——绿色效益调查》，利用替代法对日本森林的社会生态效益做了全面系统的评估，引起了各国政府和林学界的关注。至此，各国政府相继启动了各类项目，对本国的森林生态、社会、经济效益进行评估。瑞典于1992年成立了“自然资源与环境经济”项目研究组，对森林、环境及生物多样性实施了评估；美国启动了综合监测森林可持续经营项目，评估森林生态、社会、经济效益和森林可持续经营水平。Nuria Muñiz-Miret、Robert Vamos和Mario Hiraoka等（1996）对热带雨林的生态和经济价值进行了研究，对生态和经济价值的关系进行了分析，指出非热带林木产品的经济价值对农民收入有很大影响。[12] D. W. Pearce（2001）对森林生态系统的价值及森林生态系统进行了研究，并分析了生态系统的价值构成。[13] David W. Pearce、Corfin G. Pearce（2001）总结了众多学者的研究成果，对森林系统的功能和价值进行了全面的分类，从林木价值、林地价值、非林木产品价值、生物多样性、固碳制氧价值、娱乐价值等多个方面给予了评价。[14] Richard B. Howarth（2002）研究了生态服务价值构成，并进一步对此进行了核算。① Raul Brey等（2007）从随机参数Logit模型出发，研究西班牙东北地区造林项目的森林商品和服务价值选择模型后发现，个人平均每年为排放的二氧化碳向森林支付11.79欧元，用于土地生产力的损失和森林游憩等费用。[15] K. N. Ninan和Makoto Inoue（2013）对森林生态服务系统进行了评价，解决了森林生态系统价值量的估计问题，对经济和政治角度所产生的教训进行了分析，得出的结论是生态服务系统总价值差异很大。[16]

#### 1.3.1.3 生态经济系统以及协调研究

美国经济学家K. E. Boulding等以生态系统为对象，探讨生态与经济之间的关系，并提出了“生态经济协调理论”。[17] 该理论及相应的研究方法被应用到森林资源系统中，形成了“森林生态经济学”，把森林资源系统与社会经济联系起来，对它们之间的协调关系进行研究。美国林学家

---

① Richard B. Howarth, Stephen Farber. Accounting for the Value of Ecosystem Servi ces [J]. Ecological Economics, 2002, 41 (3): 421-429.

J. F. Franklin 把森林资源作为社会经济发展不可分割的一部分，强调它的整体性和系统性，并于 1985 年提出了“新林业”理论。[18]美国学者 Agee 等和 Dale W. Johnson 等提出了森林经营理论。该理论针对森林资源系统与社会经济系统之间的协调问题进行分析，并提出了可持续发展的建议，在实践中有很强的指导作用。[19-20]

20 世纪中叶，资源环境问题日趋恶化，人们开始对经济增长与环境之间的关系进行思考，意识到经济增长不一定能完全促进社会的进步和人们生活质量的提高。一种全新的发展理念被提了出来，即经济的增长必须与环境变化、社会发展联系起来。其中，英国经济学家 K. E. Boulding 利用系统论的方法分析经济与环境的相关性，目的在于建立资源循环利用、生态环境不遭受破坏的一种循环经济体。[21] E. J. Mishan 于 1967 年认为经济增长的同时能促进社会进步，但也会导致环境质量的下降。[22]之后，Daly 提出了与 Mishan 相似的理论，经济增长的否定观。E. F. Schumacher 提出了小型化经济，认为大规模市场会导致资源短缺，加剧发展和资源间的矛盾，从协调角度，提倡小型化经济模式，反对大规模生产。[23] 1987 年，世界环境与发展委员会提出了“可持续发展战略”，这是经济、社会、资源环境和科技协调发展的全新理论。1990 年，R. B. Norgaard 提出的协调发展理论，认为社会和生态之间可以实现循环式发展，若不注重它们间的关系，则会产生破坏作用。[24]

## 1.3.2　国内研究现状

新中国成立以来，我国以经济建设为中心，导致林业发展战略长期处于粗放经营的模式，产品以初级产品为主。这样一种发展战略导致我国各大林区主要的工作就是采伐，并且是没有长远发展目光的采伐，最终致使我国森林生态日趋恶化。雍文涛在《林业分工论：中国林业发展道路的研究》中对林业进行了划分，并指出提高林业经营效率的关键因素是专业化分工协作。改革开放后，政府重新认识到林业在整个国民经济中发展的作用，并意识到森林资源对生态的影响，进而影响经济发展。为了进一步减少水土流失，减轻风沙的危害，启动了“绿色万里长城”工程。随着科学技术的发展，人们的意识不断提高，对于森林产品的挖掘也越来越丰富，逐渐意识到林产品虽多，在发展林业的同时要兼顾生态效益。2003 年，国家提出了以生态建设为主的林业发展战略。2007 年，提出了现代林业建设目标。

森林资源经济研究与我国国内经济社会的发展是密不可分的，其发展过程经历了单一木材经济时期、森林多功能多效益永续利用及森林可持续经营阶段。研究的内容包括森林资源经济、生态、社会效益和综合效益几个方面。在各研究领域中，由于研究的目的及出发点不同也出现了分化，对林业研究的学者及专家在森林资源研究方面不断地进行细分，主要集中在以下几个方面。

#### 1. 3. 2. 1 森林资源可持续发展方面的研究

“发展”一词最初由经济学家定义为“经济增长”。1987 年，世界环境与发展委员会布仑特兰报告把“发展”推向了新的高度，“发展”从单一经济领域扩大到社会领域。1993 年，牛文元等在国际期刊《环境管理》中对“发展”进行了新的界定，“发展应视为一个自然—社会—经济复合系统的行为轨迹，该矢量将导致此复合系统朝着更加均衡、更加和谐、更加互补的方向进化”。“可持续发展”由牛文元于 1994 年在《持续发展导论》一书中提出；1995 年，就中国 21 世纪“可持续发展”进行了预测，构建了中国可持续发展的预测模型，在国际组织及国内研究机构对中国今后预测的基础上，设定指标体系并进行分析研究，提出了“控制人口、节约资源、保护环境、保持稳定、科学决策”的中国式可持续发展战略，并对这五个方面进行了详细的阐述，形成了相应的对策；1998 年，出版了《可持续发展系统分析》，在世界上提出了中国研究可持续发展的新动向。在此基础上，由张志强、孙成权和牛文元等对可持续发展的内涵和国外几种有代表性的可持续发展观进行分析，提出以地球系统科学、环境资源稀缺论、环境价值论和协同发展为其理论基础，明确了可持续发展的学科组成与方向，包括生态学、经济学、社会学和系统学。2000年，中国科学院可持续发展研究组对中国区域可持续发展综合优势能力进行评价，利用系统学研究方法，设计了“五级叠加，逐层收敛，规范权重，统一排序”的可持续发展指标体系，利用指标体系计算出“资产”量和“负债”量，其差额则表示可持续发展“综合优势能力”，更直观地对可持续发展能力进行了评价和估算，使可持续发展的研究从定性化不断向定量化进行转变；同时，系统化以及其他方法也在可持续发展的研究上不断地融合。可持续发展揭示了“发展、协调、持续”的系统本质，提出了中国可持续发展战略的七大主题：始终保持经济的理性增长；全力提高经济增长的质量；满足“以人为本”的基本生存需求；调控人口的数量增长，提高人口素质；维持、扩大和保护自然的资源基础与生态容量；集中关注科技进步对于发展“瓶颈”的突破；始终调控环境与发展的平衡。中国可持续发展不仅在内涵和理论基础上不断进行完善与补充，而且在实际行动方面也不断创新。

20世纪90年代，世界各国进入了森林可持续发展研究的高潮期，分别对可持续发展的标准和指标进行制定。其中，具有代表性的组织进程是1993年赫尔辛基进程关于森林可持续经营的标准和指标体系研究，确定了6个标准27个指标。我国林学、林业经济专家和学者也围绕森林资源的可持续性进行了研究，取得了显著的成果。吴延熊（1998）对区域森林资源可持续发展的动态评价进行了理论探索，指出我国当前对森林资源的评价主要表现为静态评价，指出森林资源的可持续是一个动态过程，动态评价要注重经济效益、社会效益和生态效益的协同作用。[25]罗明灿、马焕成（1999）设计了可持续发展综合评价的框架结构和指标体系，以新疆天山林区为研究对象，分别从结构指标、功能指标和效益指标三大方面对林区森林资源可持续发展进行了评价。[26]赵艳蕊（2013）对评价森林资源可持续发展的方法进行了论述，其中包括系统动力学、模糊综合评价方法，但没有进行实际的运用。[27]郭峰（2013）结合北沟林场森林资源，选择了15个与可持续发展有关的评价指标，采用森林小班与森林经营单位两个评价单元，在确定各个评价指标权重的基础上，对林场森林资源进行全方面评价。[28]

杨加猛、张智光（2006），马玉秋（2015）在森林资源可持续发展理论分析的基础上，对某一区域性森林资源—环境—经济复合系统的发展进行了评价。作者综合考虑了森林资源、环境和经济两两之间的三方面协调关系，建立了FEES评价指标，在此基础上对江苏和黑龙江地区的FEES可持续发展状况进行了评价。[29-30]马凯（2004），崔世莹、苏喜友（2004）等为了提高森林资源可持续评价的客观性与科学性，在建立评价指标和体系的基础上，设计了评价系统。马凯（2004）结合计算机及人工神经网络等技术，开发出耦合GA-BP评价网络模型，在评价指标上实现了智能化提取和归一化，并利用实例进行了评价。[31]崔世莹、苏喜友（2004）在总结森林资源可持续性评价的基础上，分析了森林资源数据库的模式，实现了直接从森林数据库中获取量化指标，借助于ARC/INFO的ODE技术以及VB开发环境建立了相应的评价系统。[32]

邢美华、黄光体等（2008），刘华、聂骁文（2009），崔国发、邢韶华（2011）等对评价方法进行了研究，根据地方森林资源的实际情况，选择不同的评价方法，以实现可持续评价的准确性，保证了评价结果的客观公正。邢美华、黄光体等（2008）借助于层次灰色综合评价模型，对湖北省1990—2005年森林资源的利用状况进行了可持续评价，得出湖北森林资源可持续利用状况总体良好的结论，同时也验证了层次灰色综合评价方法对森林资源进行可持续评价是可行的。[33]刘华、聂骁文（2009）利用模糊数学评价方法对小良森林资源进行了三级评价，分别对混合生态林、桉树商业林、果树经济林设立的评价指标做出相应的评价，为该地区森林资源的可持续发展提供了依据。[34]崔国发、邢韶华等（2011）利用专家咨询法、层次分析法，对森林资源质量、森林资源利用状况和森林干扰三个方面进行了相应的指标设计，并对此指标赋予权重，并实施评价。[35]杜广民（2007）对西安城市森林资源进行了评价分析与可持续发展研究，在对西安市森林资源分类、森林资源面积动态变化、森林资源蓄积量变化等进行分析的基础上，提出了可持续发展路径。[36]

李宝银等（2003），王雄（2007）借鉴循环经济理论来研究森林资源的可持续发展评价问题，设立基于循环经济的森林资源可持续发展的评价指标体系，并建立模型进行评价。对赤峰市森林资源经济可持续性评价，以内蒙古自治区赤峰市的森林资源为研究对象构建了一套森林资源经济可持续性的测度指标体系，同时提出了评价方法和模型。[37-38]段庆锋等（2004）从区域森林资源可持续性发展的角度进行研究，以世界各国森林资源可持续发展评价指标为基础，构建了新的区域森林资源可持续性发展指标体系，并确立了标准。[39]

#### 1.3.2.2 森林资源结构变动方面的研究

程建银（1987）认为，在对森林资源结构的评价中仅仅限于定性方法的运用，很难给人以直观的认识，提出了用于评价研究森林资源结构的定量性指标平衡率。[40]韦启忠、曾伟生（1999）利用广西的森林清查资料和数据，建立了动态森林资源结构预测模型，预测和评价广西森林资源的变化趋势。[41]范文义等（2009）研究了城市森林资源结构与降温功能之间的关系，从城市森林空间景观结构和生态功能两个方面入手，利用二阶抽样的方法对城市森林进行调查，利用所调查的数据对哈尔滨市森林资源结构进行了评价，从绿量、生物量和碳储量等几个方面来分析其合理性。[42]朱丽华等（2011）利用吉林省临江林业局5期林相图和1000余块样地逐年复查数据对林分起源、优势树种和龄组等项森林结构以及林分蓄积量和生产力进行动态分析。[43]

霍再强、顾凯平（2006）把西方经济学的相关理论与林业经济做了结合，建立了森林资源分布非均衡评价的模型，利用全国第四、五次森林调查数据进行了实证分析，发现我国森林资源的基尼系数超过了世界公认的警戒线，森林资源分布不均衡特征显著恶化，生态环境脆弱。[44]聂华（2007）在对森林资源分布评价中，运用三种统计方法建立了分布量化评价指标，利用全国六次森林资源的清查资料，对森林资源分布变化进行了实证分析，提出了森林覆盖率与森林分布反方向演进的规律。[45]蔡珍（2008）利用经济学中的极差、平均差、标准差、区分度以及基尼系数对所构建的森林资源基尼系数指标，根据我国六次森林普查中森林资源的分布状况，分析其变化趋势，提出应尽量选择森林资源标准差系数指标作为计算的指标。[46]黄和平、朱建新（2012）依据洛伦兹曲线与基尼系数构建了森林资源分布评价的指标体系和评价模型，以鄱阳湖生态经济区为例进行实证研究，对区域内森林资源的分布进行了评价。结果表明，该评价模型从不同角度评价区域森林资源分布状况取得了较好的效果，基于不同的匹配指标得出的苏联资源分布系数不尽相同。[47]

金大刚、李明（2007）对广西森林资源进行了动态评价。在1977年、1985年、1995和2005年四次森林资源数据资料的基础上，结合广西生态建设在森林资源数量、质量和结构方面进行了评价，其结果是森林资源结构、森林资源质量和森林服务功能都得到了改善与提高，并指出森林资源管理中的问题以及如何改进。[48]罗扬、林风华（2008）对贵州天保工程区森林资源进行动态评价，在对比2000年与2005年数据的基础上，在数量、质量方面进行了阶段性评价，同时对工程区和非工程区进行了比较，得出了森林资源有明显增长，质量与数量有了明显提高的结论，建议延长工程实施期限。[49]李双龙（2010）对恩施州森林资源的动态变化进行了评价，依据1985年、1994年、1999年和2006年四次森林资源的调查资料，从森林面积、蓄积量、结构和质量角度对森林资源的变动情况进行了评价，其结果显示这几个方面都有很大程度的提高，并进一步揭示了资源变化的原因与内在联系，提出了森林资源管理的方向。[50]李利伟、王威等（2014）分别对三峡库区森林资源在工程建设前期和后期进行了评价，评价的结果显示：在工程建设前期，库区森林资源状态处于中级水平；在建设后期，森林资源达到了良级水平，主要是得益于实施了长江流域的防护林工程，提高了库区森林面积、蓄积量和生态服务功能。部分专家学者把可持续发展与动态评价做了结合，提出相应的评价指标来衡量经济、社会和生态效益的可持续性。[51]

#### 1.3.2.3 森林资源协调发展方面的研究

1994年由中国世纪议程编制领导小组编写的《中国21世纪议程：中国21世纪人口、环境与发展白皮书》，其核心思想是1992年李鹏总理在中国21世纪议程：巴西召开的联合国环境与发展大会所指出的经济发展必须与环境保护相互协调，要实现经济建设与环境保护的协调发展。[52]这一思想与可持续发展思想是一致的，协调发展是可持续思想的核心内容。协调发展是各领域相互依存和促进，并实现共同发展的过程。廖重斌（1996）认为发展是系统本身的演化过程，而协调是一种系统之间的良好关联，协调发展是协调与发展的交集，是系统或系统内部要素之间在和谐一致、配合得当、良性循环的基础上由低级到高级，由简单到复杂，由无序到有序的总体演化过程。[53]顾培亮（1998）认为，协调是系统整体功能大于各子系统功能之和，子系统之间彼此通过信息、能量和物质交换协同工作并形成有序化的系统。[54]

协调发展度在很多领域已经进行了研究，主要表现在以下几个领域：第一，资源利用保护、环境和经济社会系统间的协调发展研究；第二，区域经济与社会间的协调发展研究；第三，产业间或产业与区域间的协调发展研究。与森林资源有关的协调发展方面的研究自 20 世纪 80 年代末已经开始，之后在研究的角度和对象上都进行了扩展。一是在森林资源保护和社会经济协调发展方面的研究，郑振华、刘俊昌（2004）分析了天然林保护区与社会经济协调发展之间的问题，提出了建立天保地区资金投入机制来促进森林资源与经济社会协调发展。[55]沈月琴等（2006）就如何构建森林资源保护和社会经济协调发展机制进行了研究，并提出市场、多方参与、利益协调等关键机制。[56]桂金玉、邓旋（2008）探讨了湖南森林资源保护和经济社会发展，对于两者间协调发展存在的问题及原因进行分析，并提出了相应的建议对策。[57]杜灿（2014）就新泰市森林资源保护与区域经济协调发展进行研究，在分析全市林业发展现状的基础上，揭示出森林资源保护与区域经济协调发展间的矛盾，并提出了解决的对策。[58]二是对森林系统的协调发展研究，陶冶、苏世伟（2001）论述了森林资源系统和社会经济系统，提出了两个系统要协调发展，并分析了存在的问题，提出了相应的建议。[59]刘铁铎（2015）以吉林为例研究了森林资源利用与社会经济系统之间的关系，通过研究发现，全省森林资源利用与经济社会发展的利好因子单一，不利因子多，对两者协调发展存在着较大的障碍，并进一步提出了有利于协调发展的政策建议。[60]郑丽娟、万志芳（2015）在明确森林经营系统协调发展内涵的基础上，以黑龙江森工企业为例，建立协调发展的评价指标对森林经营系统进行评价，得出了经营系统协调发展状况稳定的结论。[61]三是森林生态与经济社会、产业间的协调发展，钱震元（1991）对贵州森林生态状况与人口、粮食之间的关系进行了分析，就如何建立三者间的协调发展关系进行阐述，并提出了战略措施。[62]姜东民等（2000）分析了经济与生态的关系，提出在经济平稳发展中保护森林生态系统，实现了森林生态系统与社会经济系统的协调发展。[63]刘秋菊等（2012）对上营森林经营局森林生态旅游进行分析，并提出了协调发展的路径。从目前的文献可以看出，与森林有关的协调发展研究相对较浅且不系统，协调发展研究体系还不够成熟。[64]

#### 1.3.2.4 科学发展观基本思想以及协调发展方面的研究

科学发展观于中共十六届三中全会上提出，是马克思主义基本原理和中国实际的结合，是实践经验的总结。专家学者们对科学发展观分别进行了研究并提出了不同的认识。杨信礼（2007）对科学发展观的时代背景、实践基础和理论来源进行了阐述，认为发展是科学发展观的主题和首要内涵，发展必须是既合规律又合目的的科学发展，要更新发展观念、转变发展方式。[65]程天权（2009）认为“发展是当今世界国际社会共同关注的重大理论问题和实践问题，也是人类追求的永恒主题”[66]。吴怀友、刘建武（2008）认为科学发展观是在准确把握世界发展趋势、认真总结我国发展经验、深入分析我国发展阶段性特征的基础上提出来的，是完全建立在客观事实基础之上的。[67]黄宗良（2012）认为科学发展观总结的不仅是改革开放以来推进社会经济发展的经验教训，而且是新中国成立以来我国社会主义建设的重要经验教训。科学发展观的科学性并不等于它在实践中能自然而然地起指导作用，消除制约科学发展的体制机制障碍的主要途径还是改革，通过改革可以解决自然生态不协调和社会政治生态不协调的严峻问题。[68]

在科学发展观与协调发展研究方面，曾培炎（2004）认为树立和落实科学发展观，必须深入理解，准确把握科学发展观的内涵。科学发展观强调经济建设、政治建设、文化建设、社会建设全面发展，落实科学发展观必须按照“五个统筹”的要求，总揽全局，科学筹划，协调发展，兼顾各方，扎扎实实地做好各项工作。[69]胡长顺（2004）认为必须客观地认识科学发展观，以促进区域经济协调发展，并按照“五个统筹”的要求来制定区域发展的政策和规划。[70]杜鹰（2009）认为我国区域协调发展战略是国民经济总体战略的重要组成部分。各地区的自然、经济、社会条件差别显著，区域发展不平衡是我国的基本国情，需要深入学习实践科学发展观，全面推进区域协调发展。[71]庞元正（2012）在科学发展观关于坚持协调发展的基础要求提出之后，围绕着什么是协调发展、怎样实现协调发展进行了深入探讨，从“协调是一个不断消除不协调的过程”和“辩证看待不平衡在发展中的作用”两个方面进行了分析。[72]

#### 1.3.2.5 新发展理念方面的研究

中共十八届五中全会明确提出了“创新、协调、绿色、开放、共享”的发展理念。其中，创新发展注重解决发展动力问题；协调发展注重解决发展不平衡问题；绿色发展注重解决人与自然和谐问题；开放发展注重解决发展内外联动问题；共享发展注重解决社会公平正义问题。中共十九大把习近平新时代中国特色社会主义思想确立为中国共产党必须长期坚持的指导思想，要坚定不移贯彻新发展观念，切实解决发展不平衡不充分的问题。这一新发展理念指明了“十三五”乃至更长时期我国的发展思路、发展方向和发展着力点，符合我国国情，顺应时代要求。专家学者从不同的角度对“新发展理念”进行了诠释。武力（2015）就经济新常态对新发展理念的影响进行了全面的解释，认为经济发展进入一个新的历史发展阶段，一个经济增长速度放缓、结构调整紧迫和发展动力转换的新阶段，其外延表现出高污染和高能耗状态。中共十八届五中全会为“十三五”规划提出了全面建成小康社会的经济发展“双高目标”，通过“创新、协调、绿色、开放、共享”构建保障措施。[73]顾海良（2016）认为新发展理念是对马克思主义政治经济学理论的当代运用和丰富，特别是对马克思恩格斯关于经济的社会发展理论和人的全面发展理论的当代阐释和现实运用。直面中国经济社会发展的现实问题，以强烈的问题意识致力破解发展难题、增强发展动力、厚植发展优势，是新发展理念根本价值和理论活力所在。[74]李万春、袁久红（2017）认为新发展理念在三个维度上实现了对中国特色社会主义道路的新拓展，分别是系统深化了对中国道路内涵的科学认识，突出彰显了中国道路的根本价值遵循，深刻揭示了中国道路的前进方向。江苏要以拓展“中国道路”的新发展理念为战略指引，努力构筑创新发展、协调发展与共享发展上的新优势，并在制度创新、新型城镇化、文化共享发展和生态文明建设方面进行积极探索。[75]魏传光（2017）从整体性的哲学视角出发，认为新发展理念彰显了批判性与超越性的精神品质。新发展理念的批判性精神体现在它对传统发展观念实现了自觉、理性与综合的批判。新发展理念的超越性精神体现在它实现了对自然主义发展观和传统理性主义发展观的超越。[76]杨继瑞（2017）认为新发展理念是发展理念内涵与时俱进的丰富和完善。创新、协调、绿色、开放、共享五大发展理念坚持以人民为中心的发展思想，把实现人民幸福作为发展的目的和归宿，是基于社会主义基本经济规律运行的时代特征，针对我国经济发展进入新常态、世界经济复苏低迷开出的对症良方。[77]

#### 1.3.2.6 全面深化改革关于协调发展的论述方面的研究

十二届全国人大四次会议表决通过了关于国民经济和社会发展第十三个五年规划纲要的决议，中共十八届五中全会审议通过了《中共中央关于制定国民经济和社会发展第十三个五年规划的建议》，规划深入贯彻落实新发展理念，引领经济新常态，体现“五位一体”（经济建设、政治建设、文化建设、社会建设、生态文明建设）和“四个全面”（全面建成小康社会、全面深化改革、全面依法治国、全面从严治党）的战略布局，精心设计了未来五年中国经济社会发展的宏伟蓝图。其中，供给侧结构性改革是“十三五”主线，强调完成供给侧结构性改革的五大任务“三去一降一补”。规划围绕2020年全面建成小康社会，科学设置了发展目标：一是经济保持中高速增长；二是创新驱动发展战略要见成效；三是发展协调要明显增强；四是生态环境质量总体改善；五是民众生活要明显提高。根据任务目标确定了四大类25项指标，通过以上指标实现平衡、包容和可持续性发展。“十三五”规划要求坚持五大发展理念，首先把创新放在国家发展全局的核心位置，不断推进理论创新、制度创新、科技创新、文化创新等；其次加快建设资源节约型、环境友好型社会，构建科学合理的城市化格局、农业发展格局、生态安全格局、自然岸线格局，推动建立绿色低碳循环发展产业体系，坚持绿色发展。规划提出促进城乡区域协调发展，促进经济社会协调发展，促进新型工业化、信息化、城市化、农业现代化同步发展，使国家软实力和硬实力同步提升。在新形势下，坚持开放发展，顺应我国经济深度融入世界经济的趋势，奉行互利共赢开放战略，发展更高层次的开放型经济，打破行政区划限制和国际限制，刺激生产要素跨时空流动和配置，形成全方位的主动对外开放格局。

中共十八届三中全会通过的《中共中央关于全面深化改革若干重大问题的决定》指出，改革是一项复杂的系统工程，是中共中央对改革的各项任务做出的全面部署。自全面深化改革提出以后，专家学者从不同的角度进行了研究，包括全面深化改革的目标研究、改革的内容研究、改革的动因研究和改革的方式方法研究。在全面深化改革的目标研究方面，王先俊等（2016）认为，习近平总书记提出了将促进我国社会主义制度的完善和发展，提高国家治理体系、治理能力现代化水平作为改革的总目标、总方向，更好地解决全局，统领全局，推动全局。[78]对改革总目标的理解和准确把握，能有效地贯彻和落实各项改革举措。在全面深化改革的内容研究方面，白春礼（2014）认为，解放和发展生产力是改革的首要任务，科学技术是解放生产力的决定性因素。我国的科技体制仍然存在问题，制约了生产力的发展，健全技术创新市场导向机制是改革的重点方向。[79]贾高建（2014）认为，全面深化改革将生态文明体制改革和中共建设制度改革纳入其中，提升了改革的高度以及全面性。[80]在全面深化改革的动因研究方面，目前我国现有的体制机制在很大程度上限制了生产力的发展，只有通过改革才能完善生产关系和上层建筑的关系，更好地奠定经济基础并解放生产力。张文树（2015）认为，全面深化改革是对30多年改革开放经验的总结。我们对全面深化改革更有信心，解决当前中国经济社会发展的现实问题迫切需要进行全面深化改革，因为全面深化改革顺应了国际环境的变化，符合时代发展潮流。[81]金社平（2016）认为，全面深化改革顺应了全球发展的大潮流，而且与我国现阶段基本国情和社会状况保持一致，是对目前出现的问题进行的一种倒逼。[82]在对全面深化改革的方式方法研究方面，杨春贵（2014）认为，在全面深化改革的过程中，执行改革的关键在于对辩证思维方法的掌握，弄清楚改革中的各种关系对于改革的实践至关重要。[83]董德福、沈辰辰（2015）认为，中共中央在实践中赋予全面深化改革以较深的哲学内涵，表现为唯物主义、辩证法和人本三个方面的向度，为全面深化改革和不断拓宽中国社会主义道路奠定了方法论基础。[84]石建国（2015）认为“五大关系”的最优处理是全面深化改革的最好办法，能有效将改革和发展统一起来，做到协同配合、稳步推进，是最基本的工作原则和战略思考。[85]

#### 1.3.2.7 热带森林资源管理方面的研究

关于热带森林资源管理方面的研究，汪雪堂（1985）在对东南亚热带森林种类及分布分析的基础上，对比各国森林资源规模和数量的变化，揭示出该资源有可能面临枯竭的问题，提出了有利于东南亚发展林业的有利条件，这是国内首次对热带森林资源进行评价分析[86]；刘宏茂、许再富（1996）在对云南热带森林资源利用情况广泛调查的基础上，比较总结了对热带森林资源利用的传统方法和新方法，并对该区域热带森林资源进行了经济与生态效益分析，提出了热带森林持续利用的相关理论和方法[87]；于伟苏（2001），指出了热带森林是海南的资源优势，从森林资源现状、利用、发展展望和保护措施四个方面进行了论述，认为对森林资源的保护利用是实施经济可持续发展的必然要求[88]；李意德（2002）在野外科学观测试验的基础上，指出林地蓄水、调洪补枯、营养循环和调节气候等环境保护功能的失调会对生物多样性保护、大气温室气体含量等生态问题产生很大的影响，从而说明保护森林资源的重要性[89]；王献溥、于顺利等（2015）认为，五指山保护区热带森林茂密，具有较丰富的生物多样性，为实现生态文明和可持续发展探讨了有效管理问题。[90]

对于海南热带森林资源评价，在价值、分布及质量等方面的研究较少，姜恩来等（2004）对海南森林资源的价值进行了评价，采用现行市价法、市场价倒算法和成本方式评价法对全省林地、林木的存量、流量价值进行了评价。[91]韩剑准（2004）对海南森林的生态功能与绿色 GDP 进行了研究，对森林的生态功能做了简述。[92]黄金城（2006）对海南岛热带森林可持续经营进行了研究，从森林资源调查出发，对其资源的现状进行了分析，对其可持续性经营能力进行了评价，首次从生态公益林和商品林两个方面探讨了海南热带森林可持续经营的途径，提出了一整套经营模式。[93]陈毅青（2007）通过对海南森林旅游资源进行调查，结合全省森林旅游资源实际，从定性、定量两个方面进行评价，以确定其开发价值。[94]薛杨等（2015）对海南生态公益林生态服务功能进行了评价，并对生态公益林布局进行优化调整，提出了公益林建设与管理对策。[95]

### 1.3.3 国内外研究述评

从以上文献综述可以看出，无论是国内还是国外，学者们对森林资源和协调可持续发展方面的研究都比较重视。他们通过不同的角度对森林资源系统进行研究，并以此形成了新的思想和理论，为后期森林资源与生态经济协调发展的研究奠定了基础。国家“十三五”规划纲要和全面深化改革的报告，提出了关于协调发展的一些新的理念，其中科学发展观和新发展理念成为协调发展主要的发展方向。国外文献从整体上看，对森林资源系统与经济、社会和生态进行全面协调的研究相对较少，而国内学者对这个议题的研究缺乏系统性，在选取的方法上也稍显陈旧。因此，研究中的问题主要表现为：

（1）国外学者仅对森林资源与生态经济协调进行研究，对社会发展因素考虑得较少，其协调评价研究的面相对较窄。

（2）国内的学者对森林资源的研究主要为可持续发展以及价值评价，对森林资源系统协调研究得较少，对结合森林资源的结构变动和经济、社会、生态协调发展的研究尚属空白。

（3）在海南国际旅游岛建设背景下，对森林资源变动下经济、社会和生态协调发展的研究尚属空白。

海南是以海南岛为主体的岛屿系统，森林系统相对独立，对该区域的经济、社会和生态有很大影响。由于“海南国际旅游岛”建设已纳入国家战略，海南在此战略基础上提出了绿色发展目标，这就对经济、社会和生态协调发展提出了更高的要求，平衡好区域森林资源利用、环境保护与社会经济之间的关系显得更加重要。鉴于以上考虑，为了促进海南国际旅游岛战略的实施和绿色发展，把森林资源变动与经济社会发展相结合，在对海南森林资源的动态分析基础上，探讨森林资源动态变化与经济和社会之间的关系，为海南热带森林资源的利用及协调发展机制构建提供决策依据。

## 1.4　研究内容、方法和创新之处

### 1.4.1　研究内容

本书主要有九个部分，各个部分内容如下：

第1章　绪论。主要阐述热带森林资源变动下经济、社会和生态协调发展的研究背景、研究目的和意义、国内外关于森林资源动态变化和协调发展的研究状况、研究内容、研究方法、研究技术路线和研究思路等问题。

第2章　概念界定与理论基础。对森林资源、热带森林资源等相关概念进行界定，以及对热带森林资源的特性进行描述。对与森林资源有关的理论，如现代林业论、协调发展和制度创新等相关理论进行介绍。

第3章　海南经济社会与热带森林资源变动状况。对海南的自然资源、经济社会资源状况进行介绍；对海南热带森林资源及其变动状况做出分析，主要是从林地结构、林种结构、林龄等方面进行的。在此基础上，对森林资源所产生的经济、社会和生态效益进行评估，并对海南当前热带森林资源管理存在的问题进行剖析。

第4章　海南热带森林资源变动下经济、社会和生态协调发展机理。在对海南森林资源内涵、特征和效益分析的基础上，以“海南国际旅游岛”建设为背景，结合经济、社会和生态协调发展的特征，对森林资源变动下经济、社会和生态协调发展的影响因素进行深入分析，通过对自组织和他组织两个方面的影响因素进行探讨，进一步分析协调发展的演化机理，明确各系统之间的关系，指出其发展规律。

第5章　海南热带森林资源变动下经济、社会和生态协调度表征。结合以上的理论分析，依据相关的协调发展度评价指标体系，并结合海南的实际发展状况参量，设计出理论指标体系；借助于林地利用结构熵和灰色关联分析对理论指标进行筛选，确定指标体系；利用序关系分析方法，对各指标及各系统的权重进行测算，再从指标层面度量各系统的状态，构建协调度评价模型，以此为基础对系统两两间的协调度进行评价，并对整个系统的协调度进行测算。

第6章　海南热带森林资源变动下经济、社会和生态发展度表征。协调发展度表征是建立在发展度确定的基础上。首先，对发展度的测算方法进行对比，其中包括依据模型计算的绝对值法和根据理想值和现实值判定的相对值法，确定以相对值法来对发展度进行表征；其次，根据相对值法的思想，利用数据包络分析方法（DEA）以林地资源的增长量为输入量，以各系统状态参量为输出量，运用 $C^2R$ 模型求出决策单元输出指标投影分析调整值，确定各系统状态的理想值；再次，利用不确定分析法中的集对分析，构建发展度模型，以各系统状态参量现值和理想值，确定发展度，协调发展度；最后，利用优化模型对森林资源结构进行优化。

第7章　森林资源变动下海南经济、社会和生态协调发展关键影响因素分析。运用 DEMATEL 方法计算出影响因素的原因度和中心度，在对原因度和中心度初步分析的基础上，建立坐标系，确定各影响因素所在的象限位置，根据各因素所处的不同区域进行深入的分析，最终确定关键驱动因素、次关键因素以及被影响因素。

第8章 海南森林资源变动下经济、社会和生态协调发展机制构建。基于协调发展影响因素的研究结果，结合海南热带区域的社会与经济发展实际，提出森林资源、经济和社会的协调发展机制。建立更加合理的森林资源环境、经济和社会协调发展机制，充分发挥森林资源功能和作用。

第9章 结论与政策建议。对全书进行总结，分别对海南森林资源及经济社会现状，协调发展的影响因素和演化机理，经济、社会和生态协调度和协调发展度表征的确定，以及协调发展机制的构建进行总结，提出有利于海南经济、社会和生态协调发展的政策建议，并对研究的不足及后续研究的方向进行阐述。

## 1.4.2 研究方法与技术路线

#### 1.4.2.1 研究方法

经济、社会和生态的协调发展研究是一个复杂度较高的分析论证过程，涉及面广泛且具有较强的系统性和交叉性，在分析方法上不仅需要定性论证，而且需要定量分析。因此，可以把研究方法归纳为以下几种。

（1）文献综合分析法。本书是基于森林资源动态评价和经济社会协调发展的研究，所以，必须对相应的文献资料进行归纳综合。一方面通过对国内外期刊就相关研究进行归纳总结，形成本书的理论体系，明确研究思路和研究视角；另一方面从中国林业网站、海南政府网站及相关的林业报告获取相关资料和数据，为理论研究提供实证资料。结合理论体系和实证的数据资料，引出本书研究目的。

（2）系统分析和交叉分析方法。协调发展研究是以系统作为研究基础，探讨各子系统之间协调和协调发展的状态以及要素之间的各种关系。

此外，协调发展是在一定的区域森林资源变动的背景下，也需要考虑其系统特性。因此，对森林资源变动下经济、社会和生态的协调发展研究必须借助于系统的分析方法，不仅要从系统的宏观层面对其演化特性、演化机理进行把握，而且要从微观层面对其构成要素的层次性、结构性和关联性进行分析。由于系统涉及不同领域，所以需要借助于土地学、林学、经济学和管理学等多方面的理论和方法。对系统的特征和影响因素的分析涉及自组织和他组织理论，对协调度的度量涉及土地利用理论和灰色关联理论，对协调发展度评价涉及不确定性理论。

（3）定性分析与定量分析相结合的方法。定性分析法是依据现有的理论和经验以及所掌握的信息，对事物的特征和规律进行判断。定量分析是利用数学模型对上述判断进行量化论证。本书对森林资源变动下经济、社会和生态的协调发展进行研究，利用定性分析法对森林资源的特性、经济社会发展特点以及指标参量的初步确定进行探讨；利用林地结构熵、灰色关联度模型和序关系分析法对参量指标和权重进行确定，借助于协调度模型测算出协调度；利用数据包络分析法、不确定分析法中的集对分析计算理想值并确定发展度，结合协调度最终计算出协调发展度。利用DEMATEL方法对影响因素进行定量分析。

### 1.4.2.2 技术路线

本书的研究技术路线如图 1-1 所示。

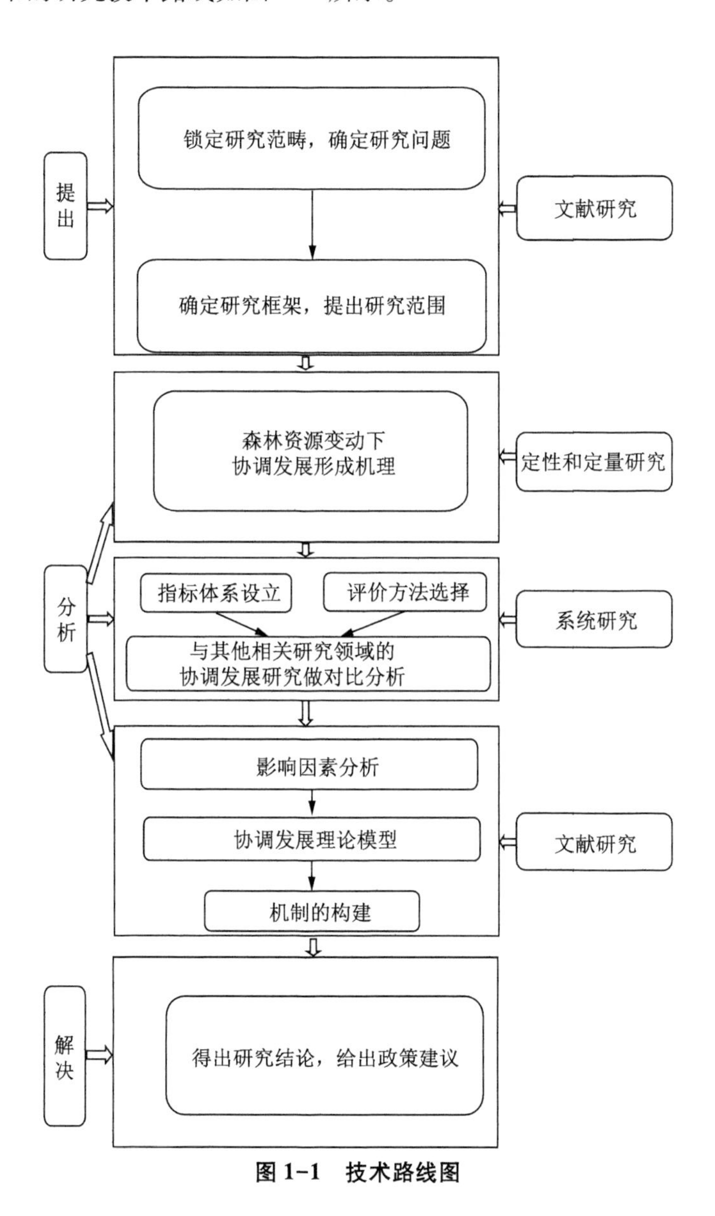


图 1-1 技术路线图

### 1.4.3 研究的创新之处

本书的创新点主要表现在以下三个方面:

第一，以海南国际旅游岛建设为背景，构建岛屿系统内森林资源变动与经济、社会和生态协调发展之间的分析框架，并对协调发展进行研究。进一步借助于优化模型对海南森林资源结构进行优化，完善区域性森林资源结构调整方向。

第二，从相对角度对发展度进行测算，更有效地度量国际旅游岛经济、社会和生态发展状态。利用理想值求取和集对分析构建发展度综合模型并测算出发展度，丰富了协调发展的研究方法。

第三，构建在森林资源动态变化下的海南经济、社会和生态协调发展机制。协调发展机制由治理机制、市场机制、合作机制、利益分配机制及援助机制构成。各机制通过相互内在联系，形成金字塔结构，可最大程度地协调海南经济、社会和生态的平衡发展。

# 第2章　概念界定与理论基础

## 2.1　概念的界定

### 2.1.1　热带森林的概念

热带森林是全球森林重要的组成部分，通常也称为热带雨林。欣柏（Schimper）对热带雨林进行了扼要的定义：“常绿喜湿，高于30米的乔木，富有厚茎的藤本、木质及草本的附生植物。”（A. F. W. Schimper, *Plant-geoeraphy upon a Physiological Basis*, *Oxford*, 1903）该定义一直沿用至今。热带雨林主要分布于北纬10°和南纬10°之间的区域。从目前的分布来看，热带雨林分布于东南亚、澳大利亚、南美洲亚马孙流域和非洲刚果盆地、中美洲和太平洋岛屿。热带雨林地区气候炎热，高温多雨且无明显季节交替，具有生物多样性丰富、群落结构复杂、林层众多、终年常绿、森林资源丰富等特点。

理查兹（Richards）把全世界的热带雨林分为美洲雨林群系、非洲雨林群系和印度-马来雨林群系三个群系。美洲雨林群系分布于南美洲亚马孙流域，非洲雨林群系分布于非洲西南部刚果盆地，印度-马来雨林群系分布于南亚和东南亚热带地区。东南亚是主要的热带雨林之一，主要分布于印度尼西亚、缅甸、马来西亚、印度、老挝、泰国、越南、中国等十几个国家和地区，有300多万平方千米的雨林。南美洲亚马孙流域是世界上最广阔的热带雨林区，位于南美洲的亚马孙盆地，700多万平方千米，雨林横跨巴西、哥伦比亚、秘鲁、委内瑞拉、厄瓜多尔等8个国家，占世界热带雨林面积的一半，是全球最大、物种最为丰富的雨林。非洲刚果盆地、几内亚湾、马达加斯加岛亦有分布。[96]中国的热带雨林主要分布于海南、云南和台湾以及广东、广西及西藏的小部分地区。

胡玉佳等认为，“雨林不仅适用于雨量分布均匀、没有季节性的热带气候的森林，也适用于热带地区有某种程度干旱的季节性的和一定海拔高度的常绿林，也适用于热带地区某种程度干旱季节性的和一定海拔高度的常绿林”①。在此基础上，将海南热带雨林在范围上进行了界定，海南热带雨林包括热带低地雨林、山地雨林、山地常绿林和山顶原生植被及热带滨海红树林等，而热带草地及草地树林、滨海灌木、灌草丛和次生性植被不包含在内。

海南热带雨林是属于典型的岛屿型热带雨林，是中国生物物种最丰富、生态系统最完美的热带雨林。雨林绝大部分分布于海南岛中南部山区，是海南生态系统的核心区。海南岛中南部地区山高坡陡，沟壑众多，雨水充沛且水源涵养丰富，是南渡江、万泉河和昌化江等主要河流的发源地。这一区域是中国生物多样性保护的重点地区，且是全球生物多样性保护的关键区域。热带雨林的生态特性主要表现为：

（1）群落层次复杂。群落层次的界限不明显，分层较多，可分为乔木层、灌木层、草本层和层间植物。乔木层层次最为复杂，最多可分为五层。最上层的乔木可突出树冠之上；第二层为群落的优势冠层，树冠密度较大，枝叶茂盛；其他层次的树冠呈现不规则形状。灌木层个体较少，一般为乔木层的幼株。草本层植物个体和种类相对较少。层间植物包括藤本植物、附生植物和寄生植物，种类较为丰富。

（2）以乔木为主。由于丰富的降水和光照，热带雨林形成了以乔木为主的显著特性。乔木普遍高大，成熟的乔木一般达到35米以上，有些高达100

---

① 胡玉佳，李玉杏. 海南岛热带雨林［M］. 广州：广东高等教育出版社，1992：6-8.

多米。热带雨林乔木的主要特点是圆柱形，树干挺直，无分枝，树皮光滑且颜色较浅。由于林下阴暗，相邻植株竞争，枝下高占总高度的较大比例。

（3）空中花园现象显著。由于在热带雨林中林下缺乏阳光，物种间对生存空间的争夺导致竞争异常激烈，许多附生植物往有阳光的高处发展。在树杈、树干及棕榈植物的叶柄缝隙处聚集了动物粪便和枯落物形成的腐殖质，从而为附生植物提供了养分及机会，大量的蕨类、兰科、苔藓、藤本等附生植物形成了独特的空中花园。空中花园的植物种类、数量和分布与雨林中的潮湿程度有很大的关系，一般是越潮湿种类越丰富，空中花园的现象也就越明显。

（4）藤本植物丰富。热带雨林中藤本植物较为丰富，包括番荔枝科、夹竹桃科、使君子科和紫葳科等，数量多和体积大是其主要特征。藤本植物大部分是木质藤本，形态各异，有绳索状、扁带状、圆柱状等，其直径可达到 10 厘米。在生长方式上也各不同，但大多数是依附乔木爬上森林的树冠层。

### 2.1.2　热带森林资源

热带森林资源有广义和狭义之分。根据森林法对森林资源的认定，广义的热带森林资源主要包括森林、林木、林地以及依托于上述条件而生存的野生动物、植物和微生物。狭义的热带森林资源主要包括林地和林木资源。[97]本书采用狭义概念，根据纬度，海南岛可分为热带和亚热带区域，而亚热带区域森林资源跟热带区域的特性类似，所以本书所研究的热带森林资源，其研究范围包含全岛区域。

1992 年，联合国召开环境与发展大会，通过了《关于森林问题的原则声明》，明确指出森林对于经济发展以及维护人类的生存是重要的，必须认识到森林资源对于维护区域生态平衡、生物多样性，以及保护各类资源、环境具有不可替代的作用，其所具备的生态效益要远远大于经济效益。[98]

热带森林资源涵盖了生物资源、土地资源和环境资源，是陆地生态系统的主体，具有调节气候、涵养水源、防风固沙、保持水土和美化环境等多种功能，对于环境改善、生物多样性保护和生态平衡的维持起着重要的作用，是自然资源重要的组成部分。近年来，随着人们对可持续性发展以及森林资源功能认识的不断深入，将森林从形态上又分为两种形式，包括有形资源和无形资源。热带森林资源受气候、自然和地域的影响较大，与其他地区的森林资源有着不一样的特性，主要表现为：

（1）分布的不均衡性。热带森林是处于南北回归线的中间区域的各种森林植被，该区域横跨亚洲、非洲和美洲，使得热带森林的分布极不均衡。热带森林资源在亚太地区分布在印度尼西亚、巴布亚新几内亚、缅甸、马来西亚等 18 个国家和地区，其中以印度尼西亚的热带森林面积最大，达到 110 多万平方千米。在非洲，热带森林主要分布在刚果（金）、加蓬、刚果（布）、喀麦隆等 35 个国家和地区。各地的规模差异较大，刚果（金）面积达到 119 万平方千米，而津巴布韦仅有 80 平方千米。拉丁美洲热带雨林的总面积远超过亚太地区或非洲。拉丁美洲和世界上热带雨林面积最大的国家当属巴西。

（2）生物多样性及丰富性。由于热带森林地区具有常年高温、降雨丰富等独特的气候条件，植物种类和动物种类极为丰富，形成了热带雨林生物多样性特点。热带雨林的高等植物大约在 45000 种以上，其中绝大部分是乔木，热带雨林也是地球上过半数的动物栖息场所。其中，东南亚的印度尼西亚是世界上生物资源最丰富的国家之一，显花植物有 25000 种，森林树种有 4000 多种，哺乳动物多达 515 种，居世界首位。巴西的亚马孙热带雨林是世界上最大的雨林，乔木树种达到 2100 多个。

（3）森林资源的快速消耗性。对木材的需求以及地方农民毁林造田，导致了对热带森林资源的过度砍伐，使森林资源的消耗较快。据卫星监测，全球每分钟有 25 公顷的热带雨林消失，预计 35 年后，全球的热带雨林将消失殆尽。马来西亚是全球热带雨林消失最快的一个国家，3 年时间热带雨林消失的面积达到 472 万公顷。

## 2.1.3　协调发展

### 2.1.3.1　协调

协调的释义是和谐一致，配合得当，就是要平衡好各个部分的关系，为系统的整体运转创造条件及环境，最终实现系统的整体目标。“协调”这个概念，在经济、社会和生态等不同领域都有不同程度的研究，也有人提出了相应的观点。对协调内涵的认识主要有两种观点。第一种观点认为，协调应包含三个方面的内容：第一，协调需要“主体”的存在，而主体必须具备相应的协调能力；第二，协调具有一定的目的性，而协调行为都围绕目的实施；第三，协调行为之间保持联系，具有一致性。第二种观点认为，协调是维持系统各部分在运行中处于平衡状态，保证整个系统在一定时间和空间上按照规律来发展，在进行物质、能量和信息交换的同时保证与环境的平衡。这两种观点对协调认识的角度虽然不一致，但其核心内容是相同的，都是以要素构建的系统为载体，追求结果的平衡性或一致性。本书所指的协调是基于一个区域为对象，通过调节各系统之间或要素之间的相互关系和相互作用，最终形成和谐一致。

### 2.1.3.2　协调发展

根据以上协调定义，本书所要研究的协调发展是基于一个岛屿系统内，探讨森林资源变动与经济、社会和生态系统的协调发展关系，表现为森林系统、社会系统和经济系统等系统之间以及系统内部间的相互影响和相互作用的关系，在此基础上实现各系统的共同发展。从其内容来看，包含协调和发展两个方面。协调方面突出了各系统之间及系统内各要素之间的协调一致，着重解释结构和比例上的匹配关系以及相互间的适应性，而发展侧重于分析系统演化水平的变化，是在现有结构匹配基础上的演化状态。

（1）经济系统。经济系统是区域经济社会系统的重要组成部分，为区域经济社会的发展提供资金支持，是发展的动力源。它由该区域内生产者、消费者和流通者等角色构成，主要的功能是生产和供应人类生活所必需的物质产品和相关服务。经济系统产出效率受很多因素影响，其中，森林资源环境的变化是影响经济系统的一个重要因素，不同的资源条件都可能导致经济效益的差别。

（2）社会系统。社会系统是区域经济社会中所承载的人口、历史、文化、卫生和教育等方面构建的复杂系统。其中，人口是社会系统的基础，包括人口总数、自然增长率、年龄结构和性别比等；文化是人类在实践中精神财富的综合，包括艺术、教育和宗教信仰等内容；福利是人类在生产和生活中享受到的各种条件和服务，包括基础设施、医疗和养老等服务。社会发展是一个国民经济社会的最终目的，社会系统的完善是衡量社会发展的重要标志。

（3）生态系统。生态系统是在自然界的空间内，生物与环境构成的统一整体，生物与环境相互影响相互制约，一定时间内处于相对稳定的状态。海南的森林资源对生态系统具有重要的影响。森林资源包括直接资源和间接资源。直接资源包括林地资源、林木资源、植物资源、动物资源和非生物资源等。间接资源是由森林资源生态服务功能和文化价值所产生的资源，主要包括景观、环境、气候等生态服务性资源。这一系统受到自身特点的影响，极易受到人类活动的影响，若这种损害超过自身的承载力阈值，则会无法自我修复，从而使自身功能退化。

### 2.1.4 机制

“机制”一词的释义是指有机体的构造、功能及相互关系。这一词最早来源于希腊，指机器的结构和工作原理。机制的本义包含两个方面：一是机器由哪些部分构成和构成原因；二是机器的工作原理。在牛津词典和新华词典中机制的词义都与机器和机械装置相关，突出内部构造、工作原理及其相互作用。从词义可以看出，“机制”一词最早来源于工程学领域，之后在其他学科中逐渐被接纳并运用，成为使用较为广泛的专业术语。

随着机制在不同领域的运用，也产生了新的概念。生物学和医学引入机制，形成了“生理机制”和“生物机制”，用以描述有机体内器官的组成结构、相互联系及作用调节方式等。经济学领域引入机制，形成了“经济机制”一词，用来表示在一个经济体内，构成的基本要素以及要素之间的相互作用和功能。其中，经济机制的核心是市场机制，表现为在市场经济中要素的构成及相互的作用关系，由价格机制、竞争机制、供求机制等构成。社会学引入机制，形成了“社会机制”，用以描述社会的构成及社会运行关系及相互作用。机制在社会学和经济学领域的引入，其实现和建立要依赖体制和制度两个方面，体制主要表现为岗位职能的配置，制度则表现为法律法规和内部规则规定。只有体制和制度的建立，才能保证机制的实现。

从本书的研究来看，“机制”这一词除了强调有机体的结构、功能和关系外，更为重要的是它从森林资源的动态角度出发，所以这里的机制强调的是随着资源的动态调整，其系统的结构、功能、比例和关系都会发生变化。本书所研究的机制除了基本的特性外，还有以下两个特性：①明显的动态性。其动态性主要表现为随着森林资源的动态变化，其他的内在关系和结构都会做相应的转变。②相对封闭性。研究的对象是一个岛屿，从地理位置上看，它四面环海，与内地之间有琼州海峡相隔，形成了一个相对封闭的系统。基于以上的分析，本书对机制的界定是动态性的系统内的结构、功能和相互关系。

## 2.2　基础理论

森林资源评价是森林资源变动下协调发展的基础和前提工作，具有较密切的逻辑关系，本书的理论基础也相对复杂。从研究的角度和侧重点来分析，首先，森林资源评价是从现代林业的角度进行分析，注重其森林资源的可持续发展；其次，在评价过程中是针对一个比较特定的区域，具有明显的区域特点，需要突出其区域特点；最后，海南森林资源变动与经济社会的协调发展需要通过制度的创新来寻求变革，具有强制性的制度变迁特征。根据研究的主题，相关的理论主要包括现代林业理论、协调发展理论、可持续经营理论、绿色及循环发展理论、生态文明理论和制度创新理论。

### 2.2.1　现代林业理论

现代林业是相对于传统林业而言的，是林业发展历程中所形成的特殊概念，也是林业发展的新阶段。对于现代林业这一概念，国际上没有明确提出，仅仅是林业经营理论和观念的变化，对于推动世界林业的发展产生了深远的影响，逐渐形成了当前国际上认可的森林可持续发展的思想。由于受到工业化发展的影响，18 世纪，欧美一些国家森林资源遭受了严重的破坏，森林资源濒临灭绝，一系列社会问题也因此产生。18 世纪末到 19 世纪初，人们对森林资源认识的能力增强，德国林学家首先提出了“永续利用”和“法正林”思想，受到其他国家的普遍认可，由此森林资源也逐渐恢复。到了 19 世纪 60 年代，德国奥托·冯·哈根创建了“森林多种效益永续经营”理论。20 世纪初，恩特雷提出了森林的福利效益，即森林对气候、水分和土壤的影响，防止自然灾害的发生，提升人类健康，形成了现代林业理论的萌芽。至此，林业也从以林木生产经营转化为以生态环境功能为主导地位的多功能利用，标志着现代林业的诞生。

20 世纪 50 年代，中国“法正林”理论和“森林永续利用”理论提出了营林为基础，普遍护林、重点造林和合理采伐利用等各种方针。此后，方针又得到了不断的补充与扩展，其指导核心是保护森林，提高森林覆盖率和森林质量，扩大森林资源。20 世纪 80 年代，又提出了发展生态林业的思想。生态林业借助于生态学、生态经济学和系统学原理和理论，实现生态、经济和社会等系统的融合，实现生产力水平、经济发展和社会生活水平的提高。在这一阶段，中国林业加强了林业法制建设，调整了林业政策，恢复了林业管理机构，启动了林业重点生态工程和实施了造林规划等各项实践工作。20 世纪 90 年代，根据 1992 年巴西联合国环境与发展大会的战略思想，提出了林业可持续发展思想。在中国发展国民经济的同时，要协调好与环境保护的关系，把实现可持续发展作为国家发展的战略选择。在这一战略的指导下，1998 年启动了重点国有林区天然林保护工程。至此，根据中国林业发展的实际情况，林业管理者提出了中国现代林业发展理论和中国跨越式发展理论，对中国林业的发展起到了积极的作用。21 世纪初，国家林业局从主管部门的层面提出了全面推进现代林业发展的总体构想，提出了建设现代林业的总体要求和建设现代林业的目标，建设目标包括完善林业生态体系、发展林业产业体系和繁荣文化体系三个方面，标志着我国现代林业建设开始实施。①

国内外专家学者对现代林业的解释存在一定的差别。美国林学会（1983）对林业的认识是，为了持续利用其物质和游憩资源的一种包括营造、保护和管理森林和林地的科学、经营活动和技术，是为了人类获得林地上或与之相关联的自然资源的长期效益的科学、技术以及管理和利用措施。凯密斯（1992）认为林业是一门技术和科学，通过森林的经营管理为人类社会的可持续发展提供多样的产品和服务。这一概念虽然是对林业内涵的界定，但实际上包含了现代林业的思想和特性。张建国（1997）认为现代林业是在科学认识的基础上，用现代技术、工艺方法和科学管理方法经营管理的可持续发展的林业。这一含义不仅体现了现代化的特色，同时也体现了不同时代林业功能的差别这一思想。[99]徐国祯（1999）对现代林业的理解是借助于现代科学的思维方式、现代科学理论和技术，通过新的经营方式，发挥森林生态、经济和社会文化功能，从而优化环境，促进经

---

① 陈锡文．坚持集体林权制度改革 推进新农村建设［J］．林业经济，2006（6）：9-11.

济增长和社会文明。[100]江泽慧（2001）认为现代林业是充分利用现代科学和手段，全社会广泛参与保护培育森林资源，高效发挥森林多种功能和多重价值，满足人类日益增长的生态、经济和社会需求的林业。[101]雍文涛提出现代林业的实质是产业型和事业型林业的结合，是满足功能对社会发展需求的林业。① 陈锡文认为林业是国民经济的产业部门，通过培育、采伐和利用发挥森林的多种效益，实现国土整治恢复、保障农业产出和改善人民生活条件的目的。②

其他专家在现代林业发展的思路方面也做了相应的描述。张嘉宾（1992）提出现代林业是“一个目标、一个中心、两个基本点、四个产业及一个高效的发展系统”，对现代林业的特性做了较为完整的描述，除了明确了现代林业的发展方向，对产业功能也做了具体的界定。[102]殷鸣放等（2002）认为现代林业应该把森林生态系统作为经营对象，实现“森林零废弃物”这一目标。[103]胡彩华（2003）认为现代林业发展的方向是应该强调人与环境之间的关系，注重两者间的和谐，协调人、社会与自然的关系。[104]现代林业的本质是高效持续，蒋敏元等（2003）把可持续发展的理念融入现代林业的发展中，呈现了现代林业的发展方向。现代林业的发展包含内涵与外延两个方面，内涵是森林自身，而外延则是由森林产生的生态、经济和社会效益，这是现代林业与传统林业的本质区别。[105]

### 2.2.2 协调发展理论

协调发展理论是在人类社会发展过程中，对人与自然关系的重新认识，也是对目前发展模式反思所形成的产物。在欧美等西方发达国家，协调发展的思想由来已久，取得了较好的实践效果。在我国，由于观念的限制和影响，协调发展相对滞后，可持续发展提出以来，协调发展也随之而盛行。虽然对于协调发展的提法较多，却没有共识性的定义。[106-107]协调发

① 雍文涛. 林业的集约经营与发展农林复合经营［J］. 世界林业研究，1989（4）：1-7.

② 陈锡文. 坚持集体林权制度改革 推进新农村建设［J］. 林业经济，2006（6）：9-11.

展，是要在相互协调的基础上发展，对系统中的各个要素之间或者不同系统之间而言，协调发展是系统内各要素或系统之间和谐一致，良好配合地从低级到高级，从简单到复杂，从无序到有序的演化过程。协调发展的内涵体现在三个方面：①人类社会的经济发展应该在自然资源环境可承受的范围内；②要在可持续的基础上，实现社会经济发展的最大化；③依靠社会经济发展，提高自然资源环境的承载力。[108]

目前，国内学者侧重于对区域协调发展理论的研究，分析一定区域内经济社会与自然环境之间的协调发展，以及不同区域之间的经济协调发展。中国的区域发展不平衡问题由来已久，由于幅员辽阔、人口众多，与其他国家相比，区域发展的问题具有十分显著的特点：一是区域经济社会发展差距过大；二是落后地区的发展仍然面临诸多困难；三是区域无序开发问题依然比较突出。自新中国成立以来，我国区域发展战略不断完善，“十一五”期间对全国进行了整体的战略布局，首次提出了区域协调发展的战略思路。在“十二五”时期内，对区域协调发展的要求更高，要求深入地研究和把握协调发展的内涵，不断缩小地区发展差距。在我国“十三五”规划五大理念之中，区域协调发展是“协调发展”的重要组成部分，是促进我国经济持续不断增长的保障，同时也是降低区域冲突、缩小城乡居民区域差距的重要手段之一。区域协调发展就是要以在全社会范围内使整个生产要素可以有序自由流动，每个区域主体功能集中体现，基本公共服务均等，资源环境可承载为重点发展方向，使全体社会成员能够共享改革发展的成果。[109]

我国的区域经济理论是从我国经济发展的实践中总结出来的，主要历经均衡发展、不均衡发展和协调发展三个主要阶段。在计划经济时期，我国主要是以恢复生产和发展经济为主体，在区域经济的发展过程中起指导作用的就是生产力布局理论和一些平衡发展的思想。随着我国经济的恢复和科学技术的发展，这种指导思想的限制效果越来越明显。我国实行改革开放政策后，尤其是到了20世纪80年代，全社会都要求提高生产效率，这对区域发展理论提出了新的要求，允许一部分地区先发展起来，这就是区域重点发展论。由于我国东西部发展的差距不断扩大，学者们在区域经济发展中又先后提出了“T字形发展理论”“π形布局理论”等。随着市场经济的深化，经济的发展对区域理论提出了新的要求，促进区域协调发展进入了新阶段。魏后凯（1995）根据我国经济发展的实际情况，研究后提出了非均衡协调发展战略。① 非均衡协调发展并不是真的不均衡，而是要求区域经济在发展过程中不断调整，从不均衡到均衡。非均衡发展战略主要强调适度倾斜和协调发展相结合。曾坤生（2000）提出了区域经济动态协调发展观[110]，李具恒（2004）尝试以广义梯度理论构建区域经济协调发展[111]，颜鹏飞、阙伟成（2004）提出了区域协调型增长极②，兰肇华（2005）将产业集群理论用于区域非均衡协调发展的实践中③，表明区域协调理论不断地走向成熟。

不同的学者在协调发展理论方面进行了进一步探讨，刘安国等（2014）对新经济地理学最新理论做了综述，在比较新经济地理学标准版本和扩展版本的基础上，对新经济地理学扩展版本的区域协调发展理论进行了探讨。[112]就目前而言，新经济地理学扩展的最新理论进展主要表现在以下两个方面：①引入了环境变量和技术外部性，把经济空间作为一个包含自然、资源、环境、经济和社会活动的广义空间来进行研究。②扩展了四类新经济地理学模型：引入拥塞（Congestion）效益的新经济地理学模型，将环境变量和技术外部性影响引入新经济地理学研究；引入环境污染和环境规制（Quaas & Lange）的新经济地理学模型；引入生物多样性的新经济地理学模型，该模型研究人口迁徙行为及生物多样性之间的关系作用及其对区域专业化产生的影响；引入“可持续发展”的新经济地理学模

---

① 魏后凯．区域经济发展新格局［M］．昆明：云南人民出版社，1995.

② 颜鹏飞，阙伟成．中国区域经济发展战略和政策：区域协调型经济增长极［J］．云南大学学报（社会科学版），2004（4）：64-72，96.

③ 兰肇华．我国非均衡区域协调发展战略的理论选择［J］．理论月刊，2005（11）：145-147.

型，分析集聚经济、贸易优势和环境外部性作用下经济空间的可持续演化规律。在此基础上，建立了以扩展的NEG分析框架为基础的区域协调发展理论，该理论包含三个模块：模块一是区域经济空间格局优化理论，该理论认为通过实施长效型的区域空间格局优化政策可满足相关区域的长期利益诉求，通过空间格局或区际长期利益分配的帕累托可改进区域协调发展。模块二是区际福利均等化理论，在研究区域空间格局失衡的同时，也关注失衡对经济福利区际分布带来的影响。模块三是区际补偿理论，该理论将多种社会、环境公共政策变量引入模型，讨论其为不同地区带来的成本和收益，分析各方利益冲突与行为的不协调，研究获益方对受损方的补偿问题。新经济地理学理论体系的扩展，从纯粹的经济空间扩展到范围更广的经济、社会、环境、生态和资源的复合空间。

从政治角度对协调发展的理论和实践的探索一直没有间断。毛泽东在《论十大关系》中明确提出了协调发展的理念，这是我国协调发展理论的起源。改革开放后，邓小平提出了“两个大局”战略思想，为我国区域经济协调发展奠定了理论基础。八届全国人大四次会议通过了《关于国民经济和社会发展“九五”计划和2010年远景目标纲要及关于〈纲要〉报告的决议》，继续强调区域经济发展的重要性；之后的西部大开发和振兴东北老工业基地，是区域经济社会协调发展的实践。中共十六大提出了促进区域协调发展的方针，为新时期中国区域经济协调发展提供了理论基础。该理论要点主要表现为以下几个方面：第一，坚持以科学发展观为指导，统筹兼顾，合理布局，妥善处理区域发展中的各方面关系，促进地区协调发展，共同富裕。既要协调好区域经济发展，也要协调好经济和社会发展；既要处理好协调发展，也要协调好区域内部要素（政治、经济、文化和社会）之间协调发展。第二，必须进一步加快主体功能区建设，实现经济社会发展的重大战略调整和转变。通过确定区域主体功能，针对性地制定差别化的区域开发政策，提高资源配置的效率，缩小区域发展差距，实现区域协调发展。在资源环境承载的范围内，以人的全面发展为中心，促进经济社会发展与人口资源环境相协调。第三，建立健全不同规模、不同层次和不同功能的区域性市场体系，构成完整的泛区域市场体系，形成相互依赖、相互协作的统一市场。中共十八届五中全会提出“创新、协调、绿色、开放、共享”五大发展理念，学术界对此进行了深入的研究，对五大发展理念形成了有益的探索，如陈万球的《绿色发展理念与生态伦理反思》、梁建新的《中国特色社会主义协调发展：理论·制度·路径》等。其中，梁建新对五大发展理念之一的协调发展进行了全方位的诠释，从理论、制度和路径三个层面系统论述了城乡区域、经济社会、四化同步、软硬实力、军民融合等协调发展的各类问题。

### 2.2.3 可持续经营理论

森林可持续经营的思想是在经济发展及人类对森林服务功能认识不断加深的基础上提出的。1993 年，欧洲森林保护部长会议召开，推动了“赫尔辛基进程”，森林可持续经营才逐渐被各国政府官员和林业专家学者认同。该进程关于森林可持续经营思想的核心在于要以一定方式管理林地和森林，维持森林生态功能。对于森林可持续经营，国内外组织及专家学者都提出了不同的看法。

赫尔辛基进程认为，森林可持续经营是指以一定的方式和速率管理并利用森林和林地，保护森林的生物多样性，维持森林的生产力并保持其更新能力，维持森林生态系统的健康和活力，确保在当地、国家和全球范围内满足人类当代和未来世代对森林的生态、经济和社会功能需要的潜力，并且不对森林生态系统造成任何损害。

蒙特利尔进程认为，森林可持续经营是指森林为当代和下一代的利益提供经济、社会、环境和文化机会时保持以及增进森林生态系统健康的补偿性目标，是森林生态系统（包括生产力，物种、遗传多样性及再生能力等）的可持续经营，而不仅仅是永续的木材产出。

联合国粮农组织对森林可持续经营的定义是一种包括行政、经济、法律、社会、技术以及科技等手段的行为，涉及天然林和人工林。它是有计划的各种人为干预措施，目的是保护和维护森林生态系统及其各种功能。

1992 年，联合国环境与发展大会通过的《关于森林问题的原则声明》定义森林可持续经营为“对森林、林地进行经营和利用时，以某种方式，一定的速度，在现在和将来保持生物多样性、生产力，更新能力、活力，实现自我恢复的能力，在地区、国家和全球水平上保持森林的生态、经济和社会功能，同时又不损害其他生态系统”①。

英国学者波尔认为，森林可持续经营必须以持续而灵活的方式维持森林的产品和服务，确保其在一种平衡状态下。加拿大迈尼认为，可持续森林不遭受损害，长期保持森林生产力和可再生能力。我国的专家学者也对森林可持续经营进行了探讨。杨建洲认为，可以从微观途径和宏观途径实现森林可持续经营：微观途径包括经营主体，宏观途径则是政府和市场。②黄选瑞等认为，区域化是实现森林可持续经营的有效途径。③ 也有部分专家认为，可采取分类经营模式对森林实施可持续经营。总体来看，森林可持续经营是要以科学合理的经营管理方式，维持生物多样性，满足经济社会发展的需要，实现人口、社会、环境和经济的协调发展。

1992 年后，世界自然基金、森林管理委员会和国际热带木材组织等一系列组织针对森林可持续经营确立了标准和相关的指标。其中，世界自然基金会提出了森林的本质特征、森林健康、环境效益和社会经济价值四方面的指标，通过量化指标的确定来达到可持续经营的目的。森林管理委员会也确立了经营的原则和标准。国际热带木材组织提出了热带天然林可持续经营的指南。国际热带林业研究中心为热带林可持续经营提出了具有较强使用性的指标体系。

---

① 刘昕．国际森林问题发展趋势：影响及对策研究［D］．北京：中国林业科学院，2012：21-23.

② 杨建洲．森林资源可持续性机制探讨［J］．中国生态农业学报，2002（1）：76-79.

③ 黄选瑞，卢占山．建立中国森林可持续经营保障体系的构想［J］．林业科技管理，1999（3）：33-35.

我国森林可持续经营的实践工作已经开展，确定了《中国 21 世纪议程林业行动计划》，已经参与到全球性的森林可持续经营活动当中。国家林业主管部门已经制定了森林可持续经营的标准和指标体系，考虑到我国自然地理区域的复杂性，也会根据既定的指标体系做些调整，形成区域性的指标体系。在森林经营的管理模式方面，在保护重点林区的基础上，在地方、局部和区域性单位进行实验并付诸实施。

人类的生存与发展对森林生态环境的依赖性很大，森林可持续经营的目的是通过对森林生态系统的科学管理和合理经营，保证森林生态系统的健康和生物多样性，同时满足人类对森林资源在产品和生态服务方面的需求。森林可持续经营包括森林采伐更新、森林抚育、病虫害防治和非木质林产品经营等。通过这样一种模式，不减少森林的内在价值，避免对自然和社会环境产生不利的影响，协调人口、资源、社会、环境、经济的持续发展。[113]

森林可持续经营模式随着人们认识水平的提高而不断改变，其理论也会随着经营实践工作的开展得到完善。森林经营从单纯的木材生产到培育森林的多种功能，再到生态优先，最后到可持续经营，这是森林经营在认识和实践上的飞跃。不同时期的森林经营理论都是针对要解决的问题提出来的，因而有其不同的特点和适用范围。

### 2.2.4 绿色发展及循环发展理论

从内涵看，绿色发展是在传统发展基础上的一种模式创新，是建立在生态环境容量和资源承载力的约束条件下，将环境保护作为实现可持续发展重要支柱的一种新型发展模式。具体来说，包括以下几个要点：一是要将环境资源作为社会经济发展的内在要素；二是要把实现经济、社会和环境的可持续发展作为绿色发展的目标；三是要把经济活动过程和结果的“绿色化”“生态化”作为绿色发展的主要内容和途径。牛文元在《中国科学发展报告》中对绿色发展进行了界定，分别从生态、经济和社会等方面进行了阐述，指出绿色发展包含生态健康、经济绿化、社会公平、人民幸福四个层面的内容。牛文元认为绿色发展有两大主线，分别是“处理好人与自然之间关系的平衡”和“把握人与人之间关系的和谐”。胡鞍钢在《中国：创新绿色发展》中指出，绿色发展是“经济、社会、生态三位一体新型发展道路，以合理消费、低消耗、低排放、生态资本不断增加为主要特征，以绿色创新为基本途径，以积累绿色财富和增加人类绿色福利为根本目的，以实现人与人之间和谐、人与自然之间和谐为根本宗旨”①。

人与自然的关系一直是马克思主义哲学关注的重点：一方面，马克思强调了自然对人和社会的基础性作用；另一方面，又强调了人对自然的作用，批判了人对资本的追求造成的人与自然的对立和冲突。自工业革命以来，对自然资源的过度开发，能源的大量消耗导致环境的高污染和生态的破坏是马克思主义哲学对此最好的验证。西方对于环境日益恶化的认识不断增强，环境保护意识也在不断提升，专家学者从基金和环境方面进行了研究，如 Rachel Carson 在《寂静的春天》一书中阐述了化学制剂对环境的危害；联合国发布了《人类环境宣言》和《只有一个地球》的报告，对资源的无限意识提出了批判。在 1987 年《我们共同的未来》报告中，“可持续发展”概念被提出，这是一种不同于传统发展的新理念和新模式。1992 年，《里约宣言》和《21 世纪议程》发布，可持续发展得到人们普遍认可，同时也否定了传统发展模式。国外学术界对“绿色发展”这一概念并没有非常明确，对“绿色经济”“低碳经济”的提法较多，实际上是可持续发展的一种延伸，其核心在于保护自然生态环境和实现可持续发展。21 世纪初，人们认识到依靠自然资源和化学能源为主的经济增长方式越发受限，而“绿色经济”这一新的经济增长方式受到了国际社会的广泛关注。2008 年，联合国环境署（UNEP）发出了“绿色经济倡议”和“绿色新政”的动员，号召各国发展清洁能源，改善自然环境，改变传统经济发展模式，许多发达国家相继出台了绿色经济发展措施。2012 年 6 月，巴西里

① 胡鞍钢．“十三五”：开创绿色发展新时代［J］．中国生态文明，2015（4）：40-43.

约热内卢联合国可持续发展大会将“绿色经济”作为会议的重要议题，包括中国在内的与会国签署了决议。

改革开放以来，中国经济的高速发展给资源环境带来了严峻挑战，资源的稀缺性日益明显，环境污染日益加重，绿色发展成为当前中国可持续发展的重要内容。政府和学术界对绿色发展都进行了探索和研究，1994年3月25日，国务院第十六次常务会议审议通过了《中国21世纪议程（草案）》，针对人口增长、环境恶化以及资源的耗费，对可持续发展进行了规划。2002年，联合国开发计划署发布的《2002年中国人类发展报告：让绿色发展成为一种选择》提出在中国走绿色发展道路。报告对中国绿色发展做了深刻的阐述，绿色发展是强调经济增长与环境保护的统一。中共十六届三中全会提出的科学发展观提倡以人为本和全面协调发展，是对可持续发展的进一步深化。中共十七大报告提出生态文明建设；中共十八大将生态文明建设纳入经济建设、政治建设、文化建设和社会建设“五位一体”的总体布局中，凸显了绿色发展的重要性。中共十八届五中全会提出了“创新、协调、绿色、开放、共享”五大发展理念，进一步提升了绿色发展的重要性。中共十九大报告对绿色发展进行了更为全面的诠释，比如在基本方略中坚持新发展理念和坚持人与自然和谐共生，提倡人与自然和谐共生现代化，美丽中国“四大举措”以及国土绿化行动。

2015年3月，中共中央政治局审议通过了《关于加快推进生态文明建设的意见》。在生态文明建设中明确了三个发展，即“绿色发展、循环发展、低碳发展”，循环发展则是其中重要的内容之一。中共十八大报告提出，生态文明建设的宗旨是把经济发展与人和自然协调统一起来，这需要构建一个完整的发展模式。循环发展是在循环经济的基础上提出并演化来的，遵循生态文明的“五位一体”思想，把循环经济的原则融合到社会、经济、政治和文化等各个方面。20世纪60年代，循环经济的思想在美国诞生，在美国经济学家肯尼思·鲍尔丁1966年发表的《一门科学——生态经济学》的基础上提出。20世纪90年代中期，它出现在中国，学术界从资源利用、环境保护和经济增长方式等不同角度进行了研究。至此，中国逐渐重视循环经济的发展，国家发展和改革委对循环经济进行了界定，循环经济是一种以资源高效利用和循环利用为核心，以“减量化、再利用、资源化”为原则，以低消耗、低排放、高效率为基本特征，符合可持续发展理念的经济增长模式，是对“大量生产、大量消费、大量废弃”的传统增长模式的根本变革。循环发展是在绿色发展的框架范围内，把绿色发展分为三个层次：上层是绿色发展的总体观念，强调发展需要实现经济社会进步和资源环境消耗脱钩；中层是低碳发展和循环发展，从资源流入和环境输出落实绿色发展，是绿色发展的两个支柱；下层是发展的行动纲领，循环发展把绿色发展的一般原理运用到各领域。循环发展理论是基于生态伦理而形成的，运用超循环理论和自组织理论来研究循环发展机制。把生态伦理贯穿到经济、社会、文化和政治等方面，形成了生态经济、生态管理、绿色文化和绿色行政，从而产生了相应的制度安排。运用超循环原理和自组织理论，可以分析经济社会—生态环境复合系统的规模、效率及和谐特性，研究循环发展的系统自组织能力、系统循环特性、组织结构和原理。由此可见，循环发展是绿色发展的重要措施，是缓解资源枯竭、生态环境恶化和气候变化的有效方式。

### 2.2.5　生态文明理论

生态文明是人类社会发展到一定程度的成果，是人类文明的一种形式，是人类社会遵循人、自然、社会和谐发展这一客观规律而取得的物质和精神的总和。生态文明以尊重自然为基础，以遵循人与人、人与自然、人与社会和谐共生为原则，以构建一种可持续的生产和生活方式为最终形态。中共十七大报告提出要建立生态文明，形成节约能源资源和保护失调环境的产业结构、增长方式和消费模式。中共十八大对生态文明建设进行了提升，把生态文明建设贯穿于五大文明建设的始终，于 2015 年审议通过了《关于加快推进生态文明建设的意见》，把生态文明建设作为全党全社会重要的政治任务。

早在100多年前，马克思就提出“共产主义是人和自然界之间，人和人之间矛盾的真正解决”，揭示了人与自然、人与人、人与社会发展之间的关系。马克思生态文明理论较为丰富，人与自然的和谐是生态文明建设的核心内容，实践观点和历史唯物主义观点是生态文明理论的两块基石。在马克思生态文明观中要遵循三个基本原则：人类社会与自然协调发展原则；人类要热爱自然、赞助自然、不破坏自然原则；人类按自然规律办事原则。马克思生态文明突出的特点是坚持从哲学价值维度、制度维度和政治维度统一起来探索生态问题。目前，对于生态文明理论的基础与内涵，学术界大致形成了三种观点：其一是生态本位论观点，认为生态文明是以“自然价值论”和“自然权利论”为理论的基础，以“生态”为本位，以追求人类社会和生态和谐发展为目标的新型文明理论；其二是人类本位论观点，该观点认为生态文明应以“人类中心主义”为理论基础，以人类的利益为本位，追求人类社会的可持续发展；其三是生态学马克思主义，其观点与人类本位论是基本一致的，但对人类本位论中生态文明等同于工业文明持否定态度。虽然以上理论观点存在一定的差别，但在意识和立场上是一致的。中共十七大第一次明确提出了建设生态文明，无论是理论意义还是现实意义都是巨大的，物质文明、精神文明、政治文明、生态文明四维结构提出，是对中国文明发展道路的理论创新，为建设中国特色的社会主义提出了明确的指向，体现了社会主义发展的基本原则，是物质文明、精神文明和政治文明的高度化，成为社会文明体系的前提和基础。生态文明与社会整体文明之间的关系出现了新的特征，不是简单的部分和整体的关系，而是生态文明渗透到经济、社会、政治和文化的方方面面，在社会整体文明中具有重要地位，当前的生态文明也被赋予了更广泛的含义。“三个代表”重要思想、科学发展观等中国特色社会主义理论内含着生态文明的思想，体现了以人为本、人与自然的和谐发展。

## 2.2.6 制度创新理论

创新理论是 J. A. 熊彼特于 1912 年在出版的《经济发展理论》一书中提出的，创新理论是知识经济的核心，与其他理论具有明显的差异，因此闻名于整个经济学界。熊彼特的创新理论是基于资本主义经济的变化进行分析的，认为资本主义经济的本质是不断地变化的，创新理论则是解释其发生、发展及其变化的规律。熊彼特去世后，其追随者们发展了他的创新理论，形成了西方创新经济学。它由两个分支构成：一个是以技术变革和技术推广为对象的技术创新经济学；另一个是以制度变革和制度建设为对象的制度创新经济学。[114]美国经济学家 L. 戴维斯和 D. 诺斯在熊彼特的创新理论基础上，于 1971 年出版了《制度变迁与美国经济增长》一书，分析了制度变革的原因和过程，并提出了制度创新模型，从而发展了熊彼特的制度创新学说。[115]

戴维斯和诺斯认为制度创新需要相当长的时间，会产生时滞效应。他们把制度创新分为“第一行动集团”形成、提出制度创新方案、对方案进行比较选择、“第二行动集团”形成、两集团协作把制度创新变成现实五个阶段。他们认为政府在制度创新中的作用是显而易见的，表现在以下几个方面：①政府影响制度创新的形式。强制力是政府制度创新的主要力量，与法律和政治紧密联系在一起，通过设定特别法令允许一种制度创新、普通法律允许一系列制度创新和法律授予“第二行动集团”三种方式来对制度创新产生影响。②政府自行制度创新。戴维斯和诺斯认为政府出现以下三种情况会自行创新：一是私人市场发展程度低，而政府内部结构非常完善；二是在现有的所有制下，外部收益很难实现；三是收入分配损害到某些人的利益，从而影响到分配的继续进行。③政府的制度创新使一定范围内收入再分配顺利实现。收入再分配的利益集团除了政府还有自主合作组织，在收入再分配时它会得到政府的支持，甚至还会得到法律的保护。

在目前制度创新过程中，有诱致性和强制性两种创新形式：诱致性制度创新主要表现为个人或群体，在各种利益的诱导下，自发倡导、组织和实施的对现行制度变化，通过变更、替代或安排等手段创造一种变迁制度，当原有制度难以使个人或群体获利时，诱制性制度变迁则会发生；强制性制度创新是由政府为了国家或区域经济社会的发展，通过政府命令和法律等强制性形式，进行强制性制度变迁，其基本方式是提供法律和秩序来实现。对比诱致性和强制性两种制度创新方式，表现出的是创新的主体不一样：强制性制度创新的主体为国家，相对于诱致性制度变迁的个人和群体而言，其制度创新和变迁的实力要强，具有更强的垄断力，能够比竞争性组织以低得多的费用提供一定的制度性服务，在制度的实施过程中实施范围更大，效率更高。

制度创新的作用在于改变原有的管理方式，提高经营效率。诺斯在制度创新与经济增长作用关系上进行研究，分析认为，制度创新使经济组织提高经营效率，而有效率的经济组织则会促进经济增长，西方经济的兴起则是得益于有效经济组织的发展，是经济增长的关键。如何形成有效的经济组织对于一个地区的发展至关重要。“有效率的组织需要在制度上作出安排和确立产权以便造成一种刺激，将个人的经济活动变成一种私人收益率和社会收益率接近的活动。”① 由此可见，诺斯认为制度创新的本质是在制度上做出安排和确立所有权，是创新的核心所在。而对于创新中所涉及的各种要素，如资本、技术、人力、教育和规模经济等，不是促进经济增长的因素，而是由制度创新引起的经济增长的表现。也就是说，决定经济增长的主要因素只有制度因素，而非其他因素。任何一个阶段，一个国家在经济发展中首先要做的是“制度的选择”而非“要素的选择”，换言之，在经济发展中，制度至关重要。

在借鉴戴维斯和诺斯制度创新理论的基础上，我国国内的专家学者提

---

① 道格拉斯·诺斯，罗伯特·托马斯．西方世界的兴起［M］．厉以平，蔡磊，译．北京：华夏出版社，1989：1.

出了地方政府制度创新，对制度创新中的“第一行动集团”和创新过程产生了不同的认识。地方政府在制度创新中起着重要作用，有三种认识：①制度创新的发起者是中央政府，同时也承担方案的设计制造，是制度创新中的“第一行动集团”，可以控制地方政府和微观主体的制度进入权，地方政府在此扮演着制度创新执行者的角色，如我国行政审批改革、供给侧结构性改革等都属于这种情况。制度创新的风险较小，成本也比较低，但不利于自主性的发挥。②由于社会发展和意识形态的变化，以及理论界对地方政府自主创新的呼吁，地方政府成为制度创新最活跃的力量，其地位也逐渐被认可。20 世纪 90 年代实施的分税制改革，使地方政府获得了一定的财政权，同时也获得了自主发展地方经济的权力。这些变化为地方政府开展制度创新奠定了基础。③地方政府和微观主体在制度创新中有共同的利益点，在制度创新中，地方政府会通过政策和资金的扶持对微观主体进行帮助，形成两者的合作创新。在合作创新中，微观主体是“第一行动集团”，而地方政府则是“第二行动集团”。制度创新所涉及的不仅是经济制度，还包括社会制度和政治制度的创新。

## 2.3　本章小结

本章对全书所涉及的概念和理论进行界定和描述。首先，界定热带森林、热带森林资源、协调发展和机制等与研究对象相关的概念，对热带森林概念进行界定并对其生物特性和资源特点进行描述，对本书所涉及的协调发展进行界定，并进一步对机制的概念和内涵进行描述；其次，对本书的主题所涉及的相关理论进行分析，主要包括现代林业理论、协调发展理论、森林可持续经营理论、绿色发展及循环发展理论、生态文明理论和制度创新理论，这些理论将为构建研究主题的框架设计提供必要的理论支撑。

# 第3章　海南经济社会与热带森林资源变动状况

## 3.1　海南经济社会概况分析

### 3.1.1　自然状况

#### 3.1.1.1　地理位置

海南省位于中国最南端，是全国面积最大的省。全省陆地总面积为3.54万平方千米，海域面积约为200万平方千米。海南岛地处北纬18°10′~20°10′，东经108°37′~111°03′，面积为3.39万平方千米，是国内仅次于台湾岛的第二大岛。

#### 3.1.1.2　地形地貌

海南省四面环海，岛上陆地呈椭圆形，作东北—西南方向伸展。地势四周低平，中间高耸，呈一穹窿山地，以海南省海拔最高的五指山（1867.1米）、鹦鹉岭（1811.6米）为隆起核心，从这两个地方向外围逐渐下降，由山地、台地、丘陵、平原组成环形层状地貌，海拔下降非常显著，梯级结构明显。全岛海拔500米以上的山地占10%，100~500

米的丘陵占45%，100米以下的台地与平原占45%。海南沿海海滩平原广布，除南部个别地段山脉直迫海岸外，大部分地方为滨海平原。海南河流短而呈放射状独流入海，主要河流有昌化江、万泉河、南渡江和陵水河。

#### 3.1.1.3　气候条件

海南由于地处热带与亚热带地区，全年气候暖热，年平均气温在23~26℃，雨量充沛，干湿季节明显，气候资源多样，属于热带海洋气候。海南日照时间较长，年日照时数为1750~2550小时，全年无冬。全岛降雨充沛，年平均降雨量在1600毫米以上，在海南岛内，降雨量也存在一定差异，从整体来看，降雨量是东多西少，中部和东部雨量丰富，西部和西南部相对较少。降雨季节不均匀，冬春雨少，夏秋雨多。海南台风较多，出现季节长，但台风登陆几乎集中于东部沿海岸各县。这样的气候也导致海南森林物种极其丰富，为我国所有省份中热带森林物种最丰富的省份，目前在尖峰岭林区也保存着整片中国最大的热带原始森林，其植被的完整性和生物的多样性位居全国前列。

#### 3.1.1.4　土壤分布

海南省土壤水平区域分布情况是中部湿润山区分布有黄壤；周围低山、丘陵、台地、各种季雨林和干性草原区分布有赤红壤、砖红壤和燥红土等。在北部丘陵台地，分布有砖红壤亚类的铁质砖红壤，其余砖红壤亚类分布于东北部和东南部。西南部边缘台地区，在干性草原下发育着燥红土；落叶半落叶季雨林和有刺灌丛区分布有褐色砖红壤。围绕全岛周边海岸的为滨海沙土。

### 3.1.2 经济、社会和生态发展状况

#### 3.1.2.1 经济状况

2015年全省地区生产总值（GDP）约为3702.8亿元，比2014年增长了7.8%。其中，第一产业增加值为855.82亿元，第二产业增加值为875.13亿元，第三产业增加值为1971.81亿元。全省人均地区生产总值为4.08万元，比2014年增长了6.9%。全省一般公共预算收入1009.99亿元，比2014年增长了7.3%；地方一般公共预算收入为627.7亿元，比2014年增长了8.7%。地方一般公共预算支出为1241.49亿元，其中农林水支出为162.87亿元，比2014年增长了2.2%。

农林牧渔业完成增加值为881.69亿元，比2014年增加了5.5%。其中，农业完成增加值为407.89亿元，林业完成增加值为63.59亿元，畜牧业完成增加值为141.67亿元，渔业完成增加值为242.67亿元，与2014年相比，农林牧渔分别增长6.6%、7.3%、-2.6%、4.8%。工业和建筑业增加值分别为485.85亿元和390.41亿元。房地产业和旅游业增加值分别为306.75亿元和572.49亿元。[116]

2015年全省固定资产投资为3355.4亿元，比2014年增长10.4%。从各产业的投资情况看，第一产业投资51.72亿元，比上年增长21.2%；第二产业投资332.8亿元，比上年下降28.1%；第三产业投资2980.84亿元，比上年增长17.0%。从投资的区域来看，东部、中部、西部的投资分别为2041.38亿元、191.18亿元、762.84亿元，投资的重点区域主要集中于海南东部。

#### 3.1.2.2 社会状况

2015年年末，海南省常住人口总量达到910.82万人，比2014年增加了7.34万人，与第六次全国人口普查数据相比四年间增加了34.93万人，

年均增长0.99%，而全省上一个10年，即2000—2010年，人口总量年均增长0.98%。人口总量的增长总体上呈现低速增长态势。2015年年末，从业人员有544万人，比2014年增长了3.8%。全省城镇新增就业人数为10.1万人，登记失业率为2.3%，失业率水平较低。转移农村劳动力9.62万人，增长了0.7%。常住居民人均可支配收入为18979元，比2014年增长了8.6%。其中，农村常住居民人均可支配收入为10858元，比上年增加了9.5%，扣除价格因素，实际增长了9.0%。

2015年新型农村合作医疗参合率为97.93%，比上年降低了1.6个百分点；年末全省共有各类卫生机构5059个，比上年增长了0.9%。其中，疾病预防控制中心有27个，妇幼保健机构有24个，专科疾病防治机构有19个。社区卫生服务机构有153个，增长了0.7%；全年改造农村乡（镇）卫生院18个，年末有乡镇卫生院298个。

#### 3.1.2.3　生态与环境

2015全年造林绿化面积为20.1万亩，比上年增长了0.8%。森林覆盖率为62%，比上年提高了0.5个百分点。城市建成区绿化覆盖率为38.5%，比上年降低了0.7个百分点。年末全省有自然保护区49个，其中国家级10个，省级22个；自然保护区面积约为270.23万公顷（含海洋保护区），其中国家级15.41万公顷，省级253.40万公顷。列入国家一级重点保护野生动物有18种，列入国家二级重点保护野生动物有105种；列入国家一级重点保护野生植物有8种，列入国家二级重点保护野生植物有40种。

全省空气质量优良天数比例为97.9%，其中优级天数比例为73.5%，良级天数比例为24.4%，轻度污染天数比例为2.0%，中度污染天数比例为0.1%。轻度污染和中度污染主要污染物为臭氧，其次为细颗粒物。全省二氧化硫、二氧化氮、可吸入颗粒物（PM10）、细颗粒物（PM2.5）年平均浓度分别为5、9、35、20微克/立方米。臭氧特定百分位数平均浓度为118微克/立方米，一氧化碳特定百分位数平均浓度为1.1毫克/立方米。

全省各市县空气质量均符合国家环境空气质量二级标准。

### 3.1.3 海南国际旅游岛建设状况

2009年12月，随着《国务院关于推进海南国际旅游岛建设发展的若干意见》印发，建设海南国际旅游岛正式上升为国家战略。时至今日，海南国际旅游岛建设取得了一定的成绩，国际化水平明显提高，旅游业增加值占地区生产总值比重的8%以上，第三产业增加值占地区生产总值比重接近50%，旅游及相关行业的就业人数占到了总就业人数的45%。城乡居民收入达到全国中上水平，教育、卫生、文化、社会保障等社会事业发展水平明显提高，综合环境质量保持在全国领先水平。

在旅游建设方面，分别形成了琼北旅游圈和大三亚旅游圈。琼北旅游圈于2012年建成，包括海口、文昌、琼海、儋州、定安、澄迈、临高、屯昌8个市县。长期以来，各市县经济发展不均衡，旅游资源配置不尽相同，导致有的市县被日益边缘化，琼北旅游圈的建设，有效整合了旅游资源。三亚、五指山、万宁、东方、保亭、陵水、乐东7个市县组成大三亚旅游圈旅游合作联盟，加速了琼南市县旅游资源整合，旅游产品融合，旅游服务提升。除了对传统的旅游景点进行升级改造，又打造了一批海洋旅游、文化旅游和森林旅游等休闲度假产品，丰富了海南国际旅游的内容。离岛免税政策于2011年开始实施，分别在三亚和海口建立了免税店，满足了岛外游客的购物需求。

在生态文明建设方面，早在1999年海南就率先提出建设生态省的目标，2010年海南的生态文明村建设数量已经过万，2013年建成了3个国家级生态文明乡镇，生态文明的内涵在不断地提升。在此期间，海南加强了热带森林保护区、红树林以及珊瑚保护区建设。在基础设施建设方面，开通了环岛高铁，建成了海屯高速、清澜大桥和洋浦大桥，交通状况得到了明显的改善。在医疗方面，“候鸟”老人看病实现了异地即时报销，简化了流程。解放军301医院落户海棠湾，海口肿瘤医院建成，提升了海南的医疗水平。随着国际旅游岛进程的深入，经济、社会、民生和基础设施等方面都得到了较快的发展。

## 3.2　海南森林资源状况及结构变动

森林资源是经济可持续发展的基础条件之一，具有生态、社会和经济效益。森林资源结构是否合理直接关系到森林资源效益能否有效发挥，因此如何调整森林资源结构就成为林业生产布局的一个重要方面，森林资源结构的调整成为长期战略性任务。陈建忠等（1993）指出，当前我国的森林资源结构还未达到森林资源可持续发展的要求，如何调整其结构并制定长远的发展规划，这不仅是林业经济发展的要求，也是整个国民经济发展的要求。[117]

海南省地理位置特殊，具有发展热带林业得天独厚的自然优势，热带森林资源是海南重要的自然资源之一，也是保障生态环境稳定的重要条件之一。海南在“十三五”发展规划中提出生态立省，森林资源无论是在经济发展还是在保护生态环境中都起到了不可估量的作用，因此有必要对全省热带森林资源状况进行分析研究。新中国成立以来，海南森林资源经历了几次较大的变化，20 世纪 50 年代中期，为了国家的经济建设，海南陆续建立了几家大型的森工采伐场；另外，由于国家战略的需要，海南大力发展天然橡胶业，天然林资源受到较大的损耗。[118] 1988 年建省后，由于森林资源损耗太多，逐步引起了政府的重视，提出退耕还林等政策，但效果并不明显。1998 年后，作为第一个生态建设示范省，海南省政府加大了对森林资源保护的力度，森林资源有了一定程度的恢复。国际旅游岛战略实施后，由于各类项目的推进占用了大量的林地，尤其是海防林受到很大的影响。鉴于以上原因，全省森林资源处于不断的变化中，天然林质量下降，逐渐退化为次生林和灌木林，但人工林发展迅速。

### 3.2.1 林地资源结构动态变化

从海南 1987 年到 2013 年森林资源二类调查来看（见表 3-1），海南林地面积从 171.60 万公顷增加到 214.49 万公顷，林地资源有了稳定的增加；有林地面积从 86.64 万公顷增加到 187.77 万公顷。林地面积和有林地面积分别增加了 42.89 万公顷、101.13 万公顷。其中，有林地面积增加的原因是各项政策的落实。疏林地面积从 4.32 万公顷减少到 0.58 万公顷，减少了 3.74 万公顷；灌木林地从 8.40 万公顷减少到 2.27 万公顷；未成林造林地从 2.40 万公顷增加到 14.31 万公顷；无林地从 69.6 万公顷减少到 8.17 万公顷；苗圃地从 0.24 万公顷增加到 1.39 万公顷。疏林地、灌木林地面积呈现出稳步下降的趋势。无林地面积下降幅度颇大，从第 2 次到第 3 次二类调查的 6 年间减少了 23.66 万公顷，年均下降 3.94 万公顷；从第 3 次到第 4 次二类调查期间减少 33.94 万公顷，年均减少约 6.79 万公顷。在 1987—2013 年，无林地的下降幅度大约达到了 88.26%，年均下降幅度约为 3.39%。

表 3-1 海南林业用地面积变化

单位：万公顷

| 二类调查 | 年份 | 林地 | 有林地 | 疏林地 | 灌木林地 | 未成林造林地 | 无林地 | 苗圃地 |
|---|---|---|---|---|---|---|---|---|
| 第 2 次 | 1987 | 171.60 | 86.64 | 4.32 | 8.40 | 2.40 | 69.6 | 0.24 |
| 第 3 次 | 1993 | 172.59 | 106.63 | 6.24 | 12.10 | 1.68 | 45.94 | 0.00 |
| 第 4 次 | 1998 | 169.96 | 134.93 | 1.56 | 20.51 | 0.84 | 12.00 | 0.12 |
| 第 5 次 | 2003 | 194.47 | 166.66 | 1.20 | 4.79 | 2.52 | 18.94 | 0.36 |
| 第 6 次 | 2008 | 208.73 | 176.26 | 0.71 | 2.78 | 17.39 | 9.94 | 1.67 |
| 第 7 次 | 2013 | 214.49 | 187.77 | 0.58 | 2.27 | 14.31 | 8.17 | 1.39 |

资料来源：海南省林业调查报告。

### 3.2.2 林种结构动态变化

林种结构反映了不同林种森林的分布情况，主要包括用材林、防护林、经济林、特用林和薪炭林。从 1987 年到 2013 年森林资源二类调查期间，海南各林种林地面积出现了不同的变化（见表3-2），其中防护林、经济林和特用林都有了不同程度的增长，而用材林面积则出现了缩减。用材林从41.52万公顷缩减到28.37万公顷，缩减了13.15万公顷，缩减幅度约为31.67%；由于海南省对防护林建设的重视，在此期间，防护林面积急剧增加，从10.32万公顷增长到52.78万公顷，增幅大约达到了411.43%，其中在2003年调查中达到了近30年以来的最大值60.31万公顷。经调查发现，主要原因是出台了不允许对天然林采伐和实施了林业产业分类经营的政策和措施，致使许多天然用材林转变为防护林，进而促使防护林面积出现增长。二类调查期间，经济林从31.44万公顷增加到87.37万公顷，增长了55.93万公顷，增幅大约为177.89%，增长较为稳定。特用林面积增加了17.57万公顷。特用林面积增加的原因，第一是在林业分类经营政策出台后人为地将天然用材林和天然经济林都划为了特用林；第二是各级政府和部门意识到森林资源的重要性，加强了对森林资源的利用和保护，新建了一批地方自然保护区和森林公园。

**表3-2 海南林种面积变化**

单位：万公顷

| 年份 | 用材林 | 防护林 | 经济林 | 特用林 | 薪炭林 |
|---|---|---|---|---|---|
| 1987 | 41.52 | 10.32 | 31.44 | 1.68 | 0.94 |
| 1993 | 41.5 | 13.91 | 44.98 | 4.32 | 0.84 |
| 1998 | 23.39 | 52.29 | 51.06 | 6.00 | 0.00 |
| 2003 | 22.30 | 60.31 | 75.66 | 6.59 | 0.00 |
| 2008 | 26.63 | 49.55 | 82.01 | 18.07 | 0.00 |
| 2013 | 28.37 | 52.78 | 87.37 | 19.25 | 0.00 |

资料来源：海南省林业调查报告。

### 3.2.3 林龄结构动态变化

林龄结构主要是指对林分龄级的均衡水平的反映，对森林资源的优化利用具有重要作用。林龄结构是否合理，是决定林区森林资源能否可持续经营的关键因素之一，是能否有效对森林及森林资源进行科学管理、制定出合理可行林业发展方针的政策依据。在1993年到2013年森林资源二类调查期间，各林龄的面积均呈增加趋势，其中以中林龄增加最多，达到41.70万公顷；近、成、过熟林的变化速率大于幼林龄，林龄结构正在朝着合理化的方向发展。依据调查数据，林龄结构比例如下。1993年的调查结果显示：幼、中、近、成、过熟林面积比约为62∶70∶12∶7∶1，蓄积比约是5∶28∶9∶7∶1；2013年二类调查结果显示：幼、中、近、成、过熟林面积比约为10∶11∶4∶3∶1，蓄积比约为1∶6∶3∶2∶1。具体见表3-3和图3-1。

**表3-3　海南各林龄面积和蓄积变化**

| 年份 | 幼林龄 | | 中龄林 | | 近熟林 | | 成熟林 | | 过熟林 | |
|---|---|---|---|---|---|---|---|---|---|---|
| | 面积/万公顷 | 蓄积/万立方米 | 面积/万公顷 | 蓄积/万立方米 | 面积/万公顷 | 蓄积/万立方米 | 面积/万公顷 | 蓄积/万立方米 | 面积/万公顷 | 蓄积/万立方米 |
| 1993 | 24.70 | 593.10 | 27.80 | 3216.90 | 4.90 | 1034.30 | 2.80 | 738.10 | 0.40 | 113.20 |
| 1998 | 34.10 | 694.40 | 29.40 | 2992.70 | 11.50 | 1637.80 | 6.10 | 1117.50 | 0.60 | 170.70 |
| 2003 | 37.00 | 865.00 | 30.10 | 2723.00 | 12.00 | 1695.30 | 8.50 | 1636.10 | 1.30 | 275.70 |
| 2008 | 73.40 | 919.10 | 47.40 | 1990.80 | 22.80 | 2092.60 | 19.40 | 1845.50 | 10.80 | 426.20 |
| 2013 | 65.00 | 807.60 | 69.50 | 3918.60 | 26.20 | 2043.40 | 18.60 | 1499.40 | 6.60 | 634.80 |

资料来源：海南省林业调查报告。

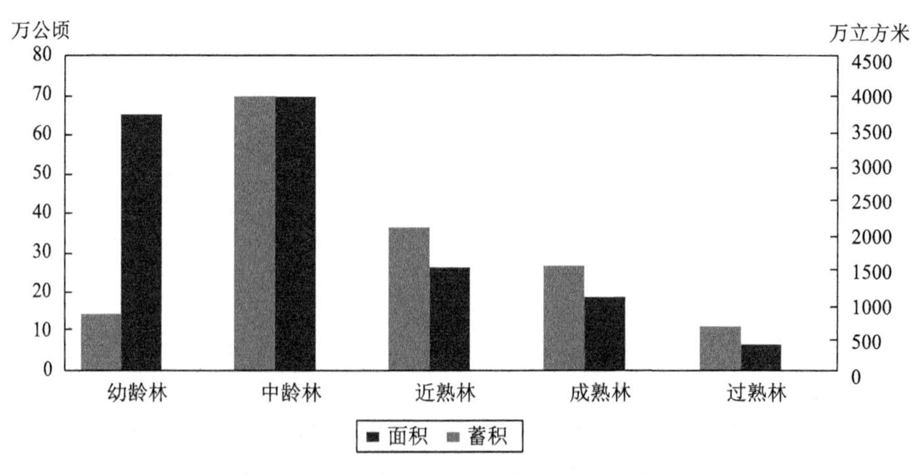


**图3-1　2013年二类调查林龄面积和蓄积**

### 3.2.4　林分起源结构动态变化

在 1987 年到 2013 年森林资源二类调查期间，天然林与人工林面积的蓄积由于政策的实施在某种程度上都有所增加，而人工林增加幅度较大（见表 3-4）。在此期间，人工林的面积从 47.52 万公顷增长到 136.20 万公顷，人工林蓄积从 232.11 万公顷增加到 2313.16 万公顷，增幅分别约为 186.62% 和 896.58%。天然林的面积从 39.12 万公顷增长到 51.57 万公顷，天然林蓄积从 6432.36 万立方米增加到 6590.67 万立方米，增幅分别约为 31.83% 和 2.46%。总的来看，人工林的面积和蓄积都有较为明显的增长，而天然林的面积和蓄积变化比较小，但从天然林的面积和蓄积的变化规律可以看出，20 世纪 90 年代对天然林的破坏较为严重，2000 年后才对天然林进行了修复，使天然林的蓄积有了稳步的提升。由于实施了集约经营的措施，人工林的蓄积和面积增加非常显著。天然林具有复杂和稳定的林分结构，它的面积是影响森林资源整体结构和功能稳定的十分重要的因素。

**表 3-4　海南林分结构变动表**

| 年份 | 森林面积/万公顷 | 活立木蓄积/万立方米 | 森林蓄积/万立方米 | 人工林 | | 天然林 | |
|---|---|---|---|---|---|---|---|
| | | | | 面积/万公顷 | 蓄积/万立方米 | 面积/万公顷 | 蓄积/万立方米 |
| 1987 | 86.64 | 6664.47 | 6032.69 | 47.52 | 232.11 | 39.12 | 6432.36 |
| 1993 | 106.63 | 6446.41 | 5695.56 | 74.14 | 762.61 | 32.49 | 5683.80 |
| 1998 | 134.93 | 7281.49 | 6613.06 | 82.65 | 1071.88 | 52.28 | 5541.18 |
| 2003 | 166.66 | 7863.61 | 7195.16 | 109.10 | 1286.9 | 57.56 | 5908.26 |
| 2008 | 176.26 | 7940.93 | 7274.23 | 125.29 | 1230.39 | 50.97 | 6043.84 |
| 2013 | 187.77 | 9774.49 | 8903.83 | 136.20 | 2313.16 | 51.57 | 6590.67 |

资料来源：海南省林业调查报告。

## 3.3 海南热带森林资源效益分析

### 3.3.1 森林资源的生态效益

森林资源的生态效益是指森林生态系统在其影响范围内提供的各种森林生态服务，以及为所在区域环境所产生的结果和效用。森林具有多种生态效益，尤其是对整个人类环境的作用，主要包括涵养水源效益、保育土壤效益、净化环境效益和固碳制氧效益等。森林生态对社会的影响，其意义远远比直接产生的经济效益更重要。森林资源生态效益分析依据第7次海南森林资源二类调查基本数据计算得出。

（1）涵养水源效益方面。根据第7次森林资源二类调查人工林和天然林面积数据，结合洪长福等学者对海南人工林涵养水源的研究数据，人工林每公顷涵养水源量为2035.92立方米；根据李意德、陈步峰等①研究资料和数据，通过加权计算得出，天然林每公顷涵养水源量平均为8632.69立方米。天然林由树龄较高、郁闭度大、蓄积量高的天然林组成，枯落物和土壤腐殖层较厚，土壤结构保存完好，具有较强的涵养水源功能。

（2）保育土壤效益方面。森林资源具有保育土壤的效益，通过森林庞大的树冠以及枯枝落叶和树木强大的网络根系，在截留降水的同时，可大大降低降雨势能对森林中土壤的直接冲击，不仅能防止地表侵蚀，而且能够防止水土流失，保持水土，保护土地肥力。海南热带天然林分为有林地和疏林地，其中有林地平均土壤的保持量为14.15吨/（公顷·年），而疏林地的土壤保持量仅为有林地的1/165，远低于有林地的土壤保持量，则在此忽略不计。根据张晓辉对人工林土壤侵蚀和土壤保持的研究，把人工林分为植被丰富区和植被稀少区两个区域，分别对两个区域的土壤保持量进行了估算。依据上述成果，对人工林的平均土壤保持量进行计算，其平

---

① 李意德，陈步峰，周光益，等. 海南岛热带天然林生态环境服务功能价值核算及生态公益林补偿探讨［J］. 林业科学研究，2003（2）：146-152.

均土壤保持量的值为 11.75 吨/（公顷·年）。根据天然林和人工林的面积，分别可得出总量为 729.72 万吨/年和 1600.35 万吨/年。

（3）净化环境效益方面。森林资源净化环境功能主要表现为阻止粉尘、吸收毒气、消除细菌、降低噪声等。森林对二氧化硫等有害气体具有一定的吸收能力，树木可以通过光合作用和自身的生物功能，利用叶片上的气孔和树枝表皮将有害的气体和物质氧化还原成无害物质。植物这种对大气中有害气体的吸收和降解作用表现出对环境的一种净化。根据海南目前森林面积 187.77 万公顷，可以计算出森林资源吸收二氧化硫的总量为 2.27 万吨/年。利用市场替代法可以得出，森林资源吸收二氧化硫的价值约为 13609.57 万元。

（4）固碳制氧效益。固碳制氧是森林的又一个重要功能，也是森林资源价值的一个重要方面。主要是森林通过其本身的各种碳库即生物量碳库、枯落物碳库、土壤有机碳库和动物碳库进行固碳，通过光合作用实现制造氧气的功能。固定二氧化碳的价值在很大程度上取决于固碳价格，根据《京都议定书》所生成的国际碳汇交易市场对碳汇的市场交易价格进行的明确规定，本书固碳价格采用碳汇交易市场中的价格，国际碳汇市场碳交易价格为 8.12 欧元/吨，按照当年欧元对人民币的平均汇率 1∶8.78 计算，碳交易价格折合人民币为 71.29 元/吨。固碳价值大约达到 107.34 亿元。对于制氧价值的估算，在光合作用的过程中，植物吸收二氧化碳则会释放出一定比例的氧气。1 克二氧化碳中碳含量大约为 0.27 克，海南森林资源的固碳总量为 15056.75 万吨，则吸收二氧化碳的总量为 55765.74 万吨。根据二氧化碳和氧气的比例关系，可以计算出氧气的总量为 40708.95 万吨，依据上述制氧成本 400 元/吨，可以得出制氧的价值为 1628.358 亿元。

## 3.3.2 森林资源的经济效益

### 3.3.2.1 林木资源的经济价值

林木资源包括林分、经济林、竹林、疏林和散生木。为了计算林木资源经济价值的方便性，对林木蓄积不进行详细的分类，大体把蓄积分为两类，分别为森林蓄积和其他蓄积，调整后的价格分别为340.64元/立方米和150.06元/立方米，以林木蓄积量与林木价格的乘积来计算最终的价值。通过计算得出，森林蓄积的价值为3032985.74万元，其他蓄积的价值为130648.20万元，林木资源价值总量为3163633.94万元。

### 3.3.2.2 经济林的产品价值

海南具有优越的水、光、热等自然条件，发展经济林具有其他地区无可比拟的优势条件。海南的经济林种类繁多，具体分为水果类、油料类、药用类和特种类经济林。海南主要的经济林包括天然橡胶、椰子、槟榔、杧果等，种植面积和产量在海南同类作物中占据重要地位（见表3-5）。

天然橡胶直接产品是干胶，目前市场上主要的干胶品种包括SCR5、SCR5L、SCR10、SCR20等。海南省统计局数据资料显示，海南天然橡胶的面积为540201公顷，橡胶年总产量为420816吨。为了减少价格波动对橡胶产品价值的影响，按调查当年天然橡胶的平均价格进行计算，平均价格为17000元/吨。

当年椰子年末面积为37600公顷，收获面积为29800公顷，总产量是25359万个。随着海南椰子加工业的快速发展，椰子的价格也逐年攀升，批发价为3元/个。海南市场椰子年产25359万个，为了统一单位计量，按照当年椰子的平均价1580元/吨来对椰子价值进行计算。

槟榔是海南主要的热带林产品之一，是仅次于天然橡胶的第二大热带作物。槟榔具有较高的药用价值，不仅作为药用原料，而且可以直接加工为产品。槟榔年末面积为 90884 公顷，收获面积为 60163 公顷，总产量为 223330 吨。考虑到年内价格的波动，则以槟榔的平均价格作为基准价。

杧果是海南的主要热带水果，是与柑橘、苹果、橡胶和苹果并称的五大水果之一。海南的杧果种植面积和产量均居全国第一，当年年末面积达到 45203 公顷，总产量为 446596 吨。对价格估算时按照杧果的平均价格来进行估算。

**表 3-5　海南经济林产品价值表**

| 林产品 | 产量/吨 | 林产品价格/（元/吨） | 林产品价值/万元 |
| --- | --- | --- | --- |
| 天然橡胶 | 420816 | 17250 | 725907. 60 |
| 椰子 | 507180 | 1580 | 80134. 44 |
| 槟榔 | 223330 | 6890 | 153874. 37 |
| 杧果 | 446596 | 11730 | 523857. 11 |
| 合计 | | | 1483773. 52 |

注：橡胶价格根据海南农垦电子商务交易中心数据整理得出；椰子和杧果价格根据海口南、北水果批发市场交易价格平均取整得出；槟榔价格根据槟榔的主产区万宁农户的种植成本估算得出。

## 3. 3. 3　森林资源的社会效益

### 3. 3. 3. 1　对农民收入的影响

农民收入一直是困扰我国“三农”的重要问题之一，对于林区的农民而言，收入问题是林业发展的核心。海南农民的收入在很大程度上依赖农业产业的变化，热作产业是影响农民就业和收入的关键产业，包括天然橡胶、桉树、槟榔和椰子等经济林及相关作物。其中，对农民收入影响较大的是天然橡胶产业、槟榔产业和椰子产业。

### 3. 3. 3. 2　对相关产业的带动

森林除了具备基本的生态和经济功能外，还具有特殊的产业带动功能，尤其是对工业影响较大，林木资源、林产品资源是造纸、化工、家具和食品业主要的原料。森林资源的丰富程度直接影响着木材加工及木竹制品、造纸、家具制造和食品等相关产业的发展。其中，2015 年海南省人造板产量达到 325480 立方米，纸浆达到 1362133 吨，家具生产量为 74701 件，糖果产量为 6463 吨。这在很大程度上带动了相关产业的发展。

#### 3.3.3.3 对就业的带动

在促进就业方面，橡胶产业所带动的就业要远远高于其他行业。橡胶产业就业功能较强，包括橡胶苗木的培育，橡胶的采割，干胶的加工，橡胶木的采伐、运输、加工等。依据海南常住居民收入来计算，大约能吸纳 28.6 万名农民就业。槟榔产业的就业相对于橡胶产业而言，无论是规模还是产业环节，所产生的就业效益都有一定的差距。根据槟榔主产区万宁市农业局的数据资料可知，槟榔产业带动的就业为 12.4 万人。椰子产业带动的就业环节与槟榔产业基本相同，带动就业人数约为 4.88 万人。杧果产业生产与经营包括种植、采摘和流通等环节，由全省的种植面积可以得出，带动的就业人数约为 5.7 万人。通过以上对经济林所带来社会效益的分析可知，其所带动的就业总人数为 51.58 万人。

海南的天然林主要分布于中部和南部地区，这些地区相对于其他地区而言，社会经济发展水平都较低，农民收入水平偏低。政府利用天然林资源和森林旅游资源，带动了林产品加工、森林和生态旅游及相关的服务业，进而带动了周边农民的就业，提高了山区农民的收入水平。

## 3.4 海南森林资源变动产生的影响

根据海南省二类调查数据，从对森林资源的动态变化进行分析可以看出，海南林业产业发展取得了很大的成效，森林资源恢复成效明显。各类林地数量增加，退耕还林现象明显，森林面积与蓄积呈现出较快的增长，森林覆盖率逐年上升。森林资源的林地结构、林种结构和起源结构趋于合理，尤其是用材林、防护林、经济林、特用林和薪炭林形成的林种结构，逐渐与海南国际旅游岛生态文明建设的战略定位趋于一致。森林资源管理水平和林业工程建设水平上升，是森林资源快速恢复的重要保障。从整体上来看，海南林业发展和森林资源恢复取得了一定的效果，但与海南经济社会发展的总体要求还存在差距，结构不合理，天然林资源数量偏少等问题比较突出，对海南经济、社会以及生态将会产生不同程度的影响。

### 3.4.1　森林资源分布不均，使区域经济水平差异较大

海南地形特点是中间高四周低，一直注重沿海开发，天然林破坏比较严重，所以海南沿海天然林资源急剧减少，而中南部山区天然林资源得以保存。因此，海南天然林资源大部分集中于中部和南部地区，而东部、西部和北部天然林资源不足。根据海南林业统计数据可知，中部和南部山区的保亭、五指山、乐东和琼中等7个市县天然林资源占据了全省天然林的81.1%，而沿海的11个市县天然林面积占全省天然林面积的18.9%。建省后，为了大力发展农林业经济，海南出台了一系列鼓励发展人工林的政策和措施，人工林得到了迅速的发展。海南人工林种植以丘陵地为主，人工林主要分布在以儋州、文昌、琼海、万宁、澄迈和定安6个市县，占到了全省人工林面积的一半以上，约为52.6%，而其余市县则占47.4%。从人工林和天然林面积的变化情况分析，人工林发展要远远高于天然林，出现了天然林和人工林分布严重不均的局面。

### 3.4.2　天然林资源短缺，阻碍了森林旅游产业的发展

海南国际旅游岛建设以及社会经济的发展，对天然林资源的需求也日趋加大。在海南近半个世纪的发展过程中，经济建设对木材的需求量增加，国家战略对天然橡胶产业发展的需求，以及地方农民为提高收入种植

热带作物，都破坏了大量的天然林资源。新中国成立初期，海南的天然林有1259万亩，到20世纪80年代末期，仅剩570万亩。1994年，海南在全国率先停止天然林采伐，开始封山育林，但天然林资源保护效果并不理想。国际旅游岛建设以来，热带雨林旅游、休闲和康养逐渐兴起，成为海南旅游发展新的增长点，逐渐形成了与海南的传统旅游项目滨海旅游并驾齐驱的局面，并有可能进一步发展。由此可见，要完全满足上述需求，海南天然林资源数量难以承载森林旅游及相关项目的进一步发展。依据海南林业二类调查数据，近10年来，海南森林资源总量在面积和蓄积上都有了明显的增长，森林覆盖率较高，资源总量充足，但天然橡胶林和桉树林等经济林和人工林比例过高，对森林旅游产业的发展不利，开发的潜力不大。

### 3.4.3 森林资源结构差，使生态功能水平下降

自20世纪50年代以来，海南省响应国家的发展战略，大力发展天然橡胶产业，由于特殊的地理位置和气候条件，海南成为中国天然橡胶主要的生产区。加上海南地方政府为了鼓励农民发展农业经济，鼓励种植椰子、槟榔和各种热带水果，由于政策原因和地方政府的导向，商品林得到了快速的发展。所以，长期以来公益林面积要远远低于商品林面积，海南省森林生态功能相对不足，不能完全适应国际旅游岛建设和绿色发展的需要。第7次海南森林资源二类调查显示，林种结构不合理，防护林和经济林的比重过大，用材林和特用林的比重较小。而在林龄结构方面，幼龄林和中龄林的比重过大，近熟林、成熟林和过熟林的比重偏小。由于林种结构与林龄结构的不合理性，人工林表现出的生态功能不足，无法替代天然林的生态功能和作用。集体林地中的天然林，还面临着被砍伐后种植经济林的危险，使森林生态系统更难以得到保障。海南牛路岭水库、大广坝水库和松涛水库的来水量出现了不同程度的降低，乐东黎族自治县的南巴河已断流，东方市江边镇大广坝中上游为大广坝水库补充水源的五条小溪已

经干枯。森林资源的结构变动，导致生态环境受到影响。

### 3.4.4　森林资源林分起源变化，影响热带农业的发展

森林是自然界物质和能量交换的枢纽，在农业生态系统中有着重要的地位，森林资源的消长，对农业生态环境有决定性的影响。海南森林资源总量相对于20世纪80年代有了明显的增加，从林分的起源结构来看，人工林增长的速度要远远高于天然林，在第6、7次森林资源调查中，相对于第5次调查结果，天然林面积数量有了明显的下降。人工林数量增加，天然橡胶林、桉树林和热带水果林成为除天然林之外主要的树种，其中天然橡胶在全岛都普遍种植。单一树种在一定程度上导致森林生态功能下降，土层变薄，严重的话会导致水土流失，进一步带走土壤中的各种养分，使土壤肥力下降。3.4.3节中也分析了，生态功能的下降，森林的蓄水量减少，会引起局部气候的变化。这些状况都会对热带农业生态系统产生影响，会引起原有农业生产区域温度、湿度、水分和肥力的变化，从而对热带农业产生影响。

### 3.4.5　人工林规模的增加，带动了天然橡胶业和纸浆业

天然橡胶业和纸浆业是海南两个重要产业，分别由海南天然橡胶产业集团和海南金海浆纸业两个龙头企业来牵头发展。2015年年末，海南天然橡胶种植面积达到了54.2万公顷，总产量达到36.11万吨，其中绝大部分被加工成泡沫胶和烟片胶。2015年海南全省生产纸浆150.29万吨，相对于2014年增长了5.11%，从近几年纸浆业的发展来看，都表现出不同程度的增长。近20年来，人工林的快速发展主要以天然橡胶林和桉树林为主，槟榔、椰子等其他热带作物为辅。天然橡胶林和桉树林的快速发展，也逐渐形成了较完整的产业体系，推动了橡胶加工业和纸浆业发展。

### 3.4.6　森林资源变化影响居民的生存环境

海南岛较丰富的森林资源，使生态环境质量整体较好，全省大气环境

空气质量优良，优良天数达到98%，80%达到国家一级标准，环境质量指数保持在一级以内。90%以上的近岸海域水质达到或优于国家一、二类海水标准，90%的主要河流、88%的主要湖库水质达到或优于可作为饮用水源的国家地表水三类水质标准。天然林资源主要聚集于海南中南部，包括霸王岭、尖峰岭、五指山、七仙岭、吊罗山、呀诺达、亚龙湾等天然林保护区。根据林业部门负氧离子的监测数据可知，2014 年空气中负氧离子平均浓度最低值都有 3695 个/立方厘米，远远超过世界卫生组织规定清新空气负离子的浓度为 1000~1500 个/立方厘米的标准，对人体健康极为有利，形成了一个良好的生存环境。随着国际旅游岛建设以来，旅游开发、农业发展和地产项目的兴起，导致部分地区森林资源流失严重，海防林带也遭受破坏，造成了近 100 千米海防林带的损失。森林资源的变动，对居民的生产和生活环境造成了不同程度的影响。

## 3.5 本章小结

本章对海南省森林资源的动态变化，森林资源生态、经济和社会效益，以及森林资源管理中存在的问题逐一进行了分析和研究，并对海南经济社会基本情况进行了描述。应用 1987—2013 年森林资源二类调查的统计数据，对海南森林资源各阶段情况进行分析，揭示出森林资源的动态变化规律。自“十五”时期开始，海南省从政府层面提高了对林业发展的重视力度，宏观上增加了对林业的投资，政策上加大了支持力度，使林地面积和各林种数量都明显增加，全省范围内的森林覆盖率有了明显的提高，生态环境质量有了明显的改善，森林资源进一步增加并趋于完善。通过利用最新的林业调查数据对森林资源的效益进行计算可知，森林资源所产生的生态、经济和社会效益明显。森林资源分布不均、人工林发展过快、森林资源结构差等变化对产业发展、居民生存环境以及生态功能也产生了不同程度的影响。

# 第4章　海南热带森林资源变动下经济、社会和生态协调发展机理

## 4.1　热带森林资源变动下经济、社会和生态协调发展的特征

经济、社会和生态间的协调发展最基本的特征是协调与发展的共存共生性，协调为发展提供基础和条件，而发展则是为协调升级提供保障。[119]在森林资源变动条件下，形成各系统的特定关系，从而更好地促进森林资源利用和经济社会间的协调发展，两者相互融合、相互促进。具体来看，森林资源变动下经济、社会和生态协调发展的特征主要表现为以下几个方面。

### 4.1.1　协调发展的复杂性

复杂性是海南热带森林资源变动下经济、社会和生态协调发展的首要特征。海南国际旅游岛建设目标是逐步将海南建设成为经济繁荣发展、生态环境优美、文化魅力独特、社会文明祥和的开放之岛、绿色之岛、文明之岛、和谐之岛。其建设目标是众多领域的交叉，构建了较为复杂的系统，森林资源是绿色之岛建设的核心要素。由于森林资源与经济社会是不同的系统，森林资源属于自然系统，而经济社会属于人造系统，运行规律不同。森林资源运行规律有自然性和生物性，而经济社会运行具有社会人

文性，两者有很大的差别，导致协调发展过程中的复杂性。不同系统间的融合及发展会导致系统间的冲突和矛盾，森林资源的消耗在一定程度上会促进经济的发展，同时也会对社会效益产生损耗，引发森林资源、经济和社会三者间此消彼长的矛盾。具体表现为：①各组成部分非线性关系的复杂性。各系统部分及组成要素之间存在非线性关系，导致协调关系的复杂性。海南作为天然橡胶战略基地和南繁育种基地，承担着国家重要的战略任务，一度有扩大的发展趋势，因此在土地资源的利用与森林经营上存在矛盾，国际旅游岛建设需要占用部分林地资源，天然橡胶的种植蚕食了大量的天然林。地方政府要发展农业经济增加农民收入，槟榔、椰子、桉树等经济作物的种植与森林经营在一定程度上产生了用地冲突，也导致了部分林地的丧失。②协调环境的复杂性。协调环境是一个开放性的环境，与外部大环境存在信息、能量和物质的交换，外部环境对此有着直接的影响。由于海南独特的地理位置和地理特征，自然、经济、政策及社会环境形成了交叉，系统环境变得更为复杂。海南具有典型的岛屿特征，属于热带岛屿季风性气候，受东北和西南季风影响，热带风暴和台风较为频繁。独特的热带岛屿特性，吸引了大量的游客和迁徙人群（以老人为主）。随着海南国际旅游岛国家战略的实施，旅游人数的迅速增加和房地产的频繁开发，导致海南环境资源承载能力加大以及资源损耗加剧，同时海南热带森林旅游资源的开发，也使森林资源出现了一定程度的损耗和破坏。③自身演化的复杂性。森林资源、经济和社会系统由于受到自身特性、环境和各子系统关系的影响，不同的影响因素组合表现出不同的演化特征，以至于森林资源、经济和社会出现了不同的变化动向。海南于 1999 年获批成为第一个国家级生态示范省，在环境保护和森林资源的开发建设方面制定了相应的政策，并加大了建设资金的投入。计划用 20 年时间，分起步、全面建设和完善提高三个步骤来完成示范省建设，其目标是环境质量保持全国领先，构建发达的资源节约型生态经济体，建成布局合理、配套完善、和谐优美的人居环境。在林业发展方面，实施天然林、“三边”防护林、退耕还林、浆纸林等林业工程，森林面积有了很大程度的增加。在特区经济、岛屿经济、国际旅游岛战略和“一带一路”倡议的推动下，海南省GDP取得了较快的发展，2013年突破了3000亿元，2015年达到3702.8亿元，经济增长迅速。社会保障水平不断提高，社会救助与社会福利也一并加强。不同环境因素的组合，导致了各系统的变化，其演化的影响因素和过程是复杂的。

### 4.1.2　协调发展的层次性

从森林资源、经济和社会协调发展的范围来看，存在一定的层次性。按自然地理单元和行政单元不同尺度的组合，形成了国家水平、省域水平、地方或市县水平不同等级的协调体系。地方或市县协调体系是省域和国家协调的基础，也是协调构建的最基本的单元，协调的功能并非简单地相加。因此，热带森林资源、经济和社会协调发展表现出同样的等级特性和层次性，海南形成了省域、地域、县域三个层次结构。海南按行政级别可分为海口市、三亚市、三沙市和万宁市等19个市县，由于三沙市由岛礁组成，在本书中暂不考虑。依据海南岛的自然地理特征可以把海南划分为北部、南部、中部、东部和西部五个区域。其中，北部区域包括海口市、文昌市、定安县和澄迈县。南部区域包括三亚市、陵水县、保亭县和乐东县。中部包括五指山市、琼中县、屯昌县和白沙县。东部包括文昌市、琼海市。西部包括儋州市、临高县、昌江县和东方市。不同区域森林覆盖率极不平衡：中部为核心生态区，具有大量的原始森林和植被，覆盖率达到83%以上；沿海市县森林覆盖率却偏低，尤其是西部市县，森林覆盖率最低的仅为38%，由于沿海市县不断进行房地产项目或旅游项目的开发，森林植被相应减少。作为海南的县域和地域森林资源、经济和社会的协调发展是省域水平协调发展的基础，只有实现了县域水平的协调发展，才能促使省域水平的协调更为完善。从国际旅游岛建设协调的进程来看，层次性表现得较为明显，协调的主要区域以琼南和琼北为重点，其中琼南为以三亚为中心的旅游区域，琼北是以海口为中心的政治和经济中心。

从森林资源变动下经济、社会和生态协调发展的过程来看，存在一定的层次性特征，既包括经济、社会和生态系统间的协调发展，也包括各系统内部要素间的协调发展。系统间的表现为宏观性协调发展，要素间的表现为微观性协调发展。海南热带森林资源系统受到特殊的地理位置和气候的影响，有自身的生物和资源特性，对于维护区域生态环境具有不可替代的作用。海南经济自建省以来取得了较快的发展，但由于基础相对薄弱，社会经济系统效率偏低，其规模相对较小。海南省政府所提出的绿色发展就是基于森林资源、经济、社会和生态系统间的协调发展，同时也是国际旅游岛建设的重点之一，通过建立“绿色之岛”，确保生态环境的良好。

### 4.1.3 协调发展的动态性

在国际旅游岛建设背景下，森林资源变动引发经济、社会和生态协调发展的动态性，主要表现在两个方面：一是国际旅游岛的建设。尤其是森林旅游项目、房地产项目以及其他项目的建设占用了林地资源，资源变动影响经济、社会和生态系统自身结构的变化，引发其他系统的结构变动，从而使三者在宏观上出现非线性表现。系统结构的变化对系统整体功能都会产生影响，从而形成森林资源与经济、社会和生态的动态协调发展。二是外界环境和因素的变动。政策、法律或人口等因素，影响甚至打破系统原有规律，促使森林资源、经济、社会和生态形成新的规律，从而促使协调发展的动态变化。新中国成立以来，海南岛西部森林资源受到自然和人为因素的严重破坏，天然林资源迅速减少，森林覆盖率下降。林地资源用以发展农业生产，使农业得到了一定程度的发展，但因为过度砍伐，森林涵养水源能力下降，水土流失，区域生态环境恶化，农业生产效率下降。建省后，政府加大了植树造林的力度，以便恢复原有森林植被。热带森林资源系统自身的变化引发了经济系统的变动，相互间不断地进行协调与发展，表现出明显的动态性。由于国家战略的实施，同时受橡胶市场价格的影响，20 世纪 90 年代，海南中部和西部出现了大规模的天然橡胶的种植，经济林的发展速度明显加快，导致了天然林资源数量的下降，打破了原有协调发展规律和平衡，出现了新的动态性。国际旅游岛的建设，使外来人口明显增加，人口承载力明显不足，社会系统出现了变动，以至于森林资源、经济和社会之间要进行重新的调整，从而表现出动态变化。

### 4.1.4 协调发展的不确定性

热带森林资源系统和社会经济系统分别属于自然系统和社会系统，自然系统有其生物特性和规律，热带森林资源具有生物的多样性、地区的特殊性和相对稀缺性，使该系统难以被认知，以致系统间及系统构成要素间关系复杂，所以在与经济社会协调发展的过程中，系统间的相互作用及相互关系不够清晰，存在一定的不确定性。海南地处中国的最南端，具有独特的岛屿特性，除了海南岛本岛外，还包括西沙群岛、中沙群岛和南沙群岛等大量岛礁，同时与东南亚国家接壤，具有较重要的战略地位，这也使海南在森林资源、经济和社会的协调发展中变得更不确定。海南作为一个年轻省份，建省时间 30 多年，基础条件相对薄弱，经济社会发展水平低，同时又承载着经济特区和国际旅游岛国家战略的功能，相比较而言，经济社会发展有其复杂性和不确定性，导致森林资源、经济、社会和生态协调发展出现了不确定性。从判断过程来看，森林资源、经济和社会协调发展的判断是建立在对数据资料分析的基础之上，由于涉及森林自然系统和社会经济系统的多个方面，难以精确地获得关于森林资源、经济和社会协调发展的所有数据资料。因此，在对其考察过程中，只能依赖现有的认知水平和判断条件，利用较不完整的数据资料信息对森林资源、经济和社会协调整体状态进行把握，已知信息的代表性、判断方法和分析思路对协调发展的考察结果具有重要的影响。另外，所处的环境不一样，协调发展的表现也不同，存在较多的外部影响因素，再加上没有一个明确的度量标准，所以在这一特定环境下，研究森林资源与社会经济是否协调发展本身也是一个典型的不确定性问题。

## 4.2 热带森林资源变动下经济、社会和生态协调发展的影响因素

森林资源、经济和社会的协调发展包含协调和发展两个层面，协调是发展的前提，而发展是在协调基础上的提升。协调发展是在系统自组织和外部环境共同影响下演化和发展的。影响因素可以从协调发展的自组织和他组织两个方面来进行分析和探讨。自组织表现为各系统的自身因素或固有特点，而他组织则表现为外部环境因素对此的影响。[120]

### 4.2.1 自组织因素

自组织因素表现为在不受外部环境影响的前提下，自身所表现或演化而形成的影响因素，属于自身特性所形成的自有因素，包括自然因素、区域因素和结构因素。

#### 4.2.1.1 自然因素

在热带森林资源与经济社会的协调发展中，森林资源是一个由植物、动物、微生物、气候等自然要素组成的综合体，表现出明显的自然特性。独特的自然要素条件造成了各要素的构成方式和相互关系有很大的差别。其一，物种资源是热带森林资源与经济社会协调发展的首要因素。植物、动物和微生物资源非常丰富，海南省凭借天然的地理位置和气候优势成为我国物种多样性高度集中的地区之一。根据《2015 海南省统计年鉴》可知，全省野生植物数量达 4600 种。其中，药用植物（即可用于治病入药的植物）有 2500 多种，主要树种有杉木、松类、桉类、天然阔、软阔、木麻黄等，热带观赏植物树木有 200 多种；而野生动物种类为 574 种，其

中黑冠长臂猿、坡鹿、猕猴等动物属于珍贵物种。丰富的物种资源是海南热带森林主要的自然特性。随着经济和社会的发展，森林资源过度开发，很多物种难以恢复，从而影响到生态环境的变化，对居民生活和地方经济也会产生制约。不同的森林资源条件下所形成的地方经济发展方式和发展水平有很大差别，尤其是对农业经济发展，直接决定了农业生产的决策，对资源利用的广度及深度起着决定性的作用。较好的森林资源条件能形成结构较为完整且稳定的生态环境系统，为农业生产及农业经济的发展提供有力的支撑，更容易满足当地居民对生产和生活的需求，获得经济效益的同时也能有效地兼顾社会效益和生态效益，达到良好的协调发展效果。其二，气候是协调发展的重要因素，不仅决定着生物资源、水文和土壤，而且还对本岛的经济活动和社会活动产生制约。海南全年高温多雨，平均气温在 23~26°C，年平均降雨量达到 1600 毫米，形成了有利于植物生长的特殊气候条件。与国内其他省份和地区比较来看，无论是光照还是降水，其适宜程度都较高，更容易满足本岛对生产和生活的需要，在提高经济效益的同时能更好地融合社会效益和生态效益的发展。

#### 4.2.1.2　区域因素

区域因素是地区森林资源、经济和社会协调发展的一个重要因素，区域因素包含了两个方面：一是区域地理位置；二是区域地方文化。不同的地理区位，森林资源、经济和社会特点都不一样。人类的生产和生活受到地理条件的限制，形成了特定的规律，通过各自特性的表现进而作用于协调发展，形成协调发展特有的内涵和方式。地理条件和环境的不同，经过长时间的发展，导致区域文化的产生。区域文化是通过人类的观念和思想形成不同的行为，作用于经济社会活动当中，从而影响到森林资源和经济社会的协调发展水平。从区域位置分析，海南是中国最南端的一个省份，是陆地面积最小海洋面积最大的，一个较为明显的岛屿型和海洋型省份。东面通过南海与台湾相连，西南经北部湾与广西相连，北面与广东省雷州半岛相连，南面与菲律宾、文莱和马来西亚为邻，西面与越南民主共和国相望，海南是“一带一路”建设的重要支点，其所在区域具有较重要的经济和战略地位。本书以海南岛作为主要的研究对象，海南岛占全省陆地面积的95.76%，生态环境相对脆弱，在经济发展形态上属于岛屿经济，社会文化以地方民族文化和移民文化为主。岛屿经济有其自身的特性，港口资源、海洋资源丰富，土地资源相对稀缺，在产业定位上依据自身的比较优势寻求产业多元化和差异化，普遍追求小而美的特色化产业，岛屿经济以旅游业为主导的较多。根据《全球岛屿经济体发展报告》，在全球岛屿经济普遍不景气的背景下，海南岛、爪哇岛等岛屿GDP却明显上升。海南岛面积大，区位优势明显，旅游资源得天独厚，依托中国庞大的消费市场，形成了旅游产业、现代服务业、热带高效农业及新型工业构成的产业发展体系。

#### 4.2.1.3 结构因素

系统的各构成单元对热带森林资源与经济社会协调发展具有重要的影响。第一，热带森林资源系统和经济社会系统由各构成单元组成，森林资源对经济社会系统起到了促进作用。热带森林资源系统除了自身的动植物和微生物基本构成单元外，还包括气候、土壤、土地和水文等基本单元。不同的气候、土壤、水文条件，对森林资源的开发和利用过程都会产生制约和限制，也决定着森林资源与经济社会之间联系的深度和广度。经济社会系统以人为核心，包含了社会、经济、教育、科技和产业等单元，相互间构成了特定的联系，构成了典型的非平衡的开放系统。森林资源对人类生活的各个方面及产业经济都会产生相应的影响。在居民生活方面，绿化率、负氧离子含量、气候的调节和水土及台风的防治诸多要素，对当地居民的生活都会产生重要的影响；在经济发展上，会影响到相关产业的发展进程和可持续性。众多的构成要素在一定的自然环境和社会条件下组合起来，形成了特殊的协调系统。海南气候条件虽然局部有一定差别，但从整体看，光照充足，雨水丰富，有利于植物的生长。热带森林资源的丰富程度不仅影响区域居民的生活和居住环境，而且会对海南旅游业、纸浆业和农业产生一定程度的影响。海南作为国际旅游岛，热带森林旅游是海南旅游的重要组成部分。海南森林旅游资源丰富，有热带原始林、山地及沟谷雨林、海岸红树林、椰林及热带果林等特色林种。有尖峰岭、霸王岭、五指山、吊罗山、鹦哥岭及黎母山等热带森林保护区。已开发建成的森林公园有七仙岭温泉国家森林公园、亚龙湾森林公园、呀诺达森林公园等。热带森林旅游逐渐成为继海南滨海旅游的另一个新的增长点。第二，经济、社会的发展也会反作用于森林资源系统。随着海南经济、社会的发展，尤其是国际旅游岛的开发与建设，对森林资源也产生了较大影响，主要表现在两个方面：一方面，经济、社会的发展对森林资源起到了正向作用。随着社会的发展，人们意识的提高，对森林的保护意识加强，经济的发展也有了更多的森林建设资金和投入。海南作为生态示范省建设之后，逐步加大了林业建设的资金投入；国际旅游岛国家战略实施后，海南不仅在原始森林的保护方面加大了力度，而且对防护林建设、生态林建设和经济林建设实施了有效的措施。另一方面，国际旅游岛的建设，工业、旅游和房地产各类项目的开发建设，尤其是房地产项目建设，损耗了大量的林业用地，表现为中南部市县作为主要的热带原始林的所在地，随着商业地产的开发，被占用了一定数量的林业用地；海南文昌、琼海、万宁、陵水、东方和儋州等临海市县的地产开发，不断对防护林造成毁坏。

### 4.2.2　他组织因素

森林资源与经济、社会和生态系统除了自身演化规律和特性等自组织因素外，还表现为在协调的过程中，各系统受到外界的影响和干扰。尤其是经济社会系统，受到人类主观能动性的影响，其不可控因素较多。从系统的层面来分析，协调过程中的自组织因素通过自组织作用来影响各系统协调发展，成为主要内因，而他组织因素通过他组织作用影响各系统协调发展，成为外部因素。森林资源与经济社会的协调发展是一个从无序到有序，从低级到高级的过程，随着时间的推移，其演化的趋势有可能是上升或下降，表现出协调或不协调，协调度高或协调度低。在他组织因素的作用下，森林资源与经济社会的协调演化状态和路径就会发生变化，若他组织因素所发挥的作用是在正确认识自组织作用的规律和特性基础上，各系统会在它的影响下改变原有的无序发展状态向有序的演化状态加速前进，提升协调发展水平；相反，若没有认识到自组织作用的规律和特征，则会对各系统的协调演化产生消极的作用。他组织因素主要包括森林资源发展保护和经济社会发展的政策和法律、对资源配置的市场、社会人文因素等。

#### 4.2.2.1 政策和法律

政策和法律是一个国家或区域为了宏观调控或管理而制定的相应的措施。政策和法律包含两个方面：一方面是涉及森林资源的建设、开发利用和保护方面的政策和法律。海南拥有丰富的热带雨林资源，是地球水循环的重要组成部分，有特殊的生态价值。到目前为止，我国没有形成一部专门针对热带雨林的法律法规，《中华人民共和国森林法》对热带雨林的建设和保护没有明确规定。《海南省环境保护条例》中只零星地提到严禁采伐尖峰岭、霸王岭、吊罗山等区域的热带天然林。1997 年颁布的《海南省森林保护管理条例》中仅有原则性的规定，缺乏细节性的条文，对热带天然林建设和保护的可操作性较弱。海南省政府在热带雨林生态补偿标准上过低，2008 年实施的《关于建立完善中部山区生态补偿机制的试行办法》规定，力争用 5 年时间将海南森林生态补偿基金标准从每亩 5 元提高到 20 元，过低的生态补偿标准导致居民忽视森林生态价值，追求价值更高的经济作物，造成天然林资源的损失。另一方面，国家在海南实施了一系列的特殊政策，如海南作为最大的经济特区、海南成为全国第一个生态示范省以及国际旅游岛国家战略建设，各种政策的出台，不仅对经济建设具有较大促进作用，而且对社会发展也产生了积极的效果。但在经济社会发展的同时也要考虑到森林资源的保护和利用以及生态效益的提升，更加注重区域内居民福利的提升，尤其是要在国际旅游岛建设以及生态示范省建设背景下，在实现建设目标的同时，调和好目标和效益之间的关系，实现各系统之间的良性循环。自 1999 年生态示范省建设以来，海南生态环境质量持续保持全国领先水平，空气质量优良天数比例为 99%，森林覆盖率由 1999 年的 39.8%提高到 2015 年的 62%，2012 年年底完成了国家下达的退耕还林 264.5 万亩的目标。GDP 增长较快，由 1998 年的 438.92 亿元增加到 2015 年的 3702.8 亿元，实现了海南经济社会的绿色发展。国际旅游岛战略的实施，形成了以旅游业为龙头的现代工农业、商贸、物流、金融等协同发展的产业体系。国家赋予海南的 26 国免签证、离岛免税、离境退税等优惠政策相继实施，吸引了国内外大量游客。国际旅游岛建设规划也逐一落实，包括主题功能区规划、城乡一体化规划，基础设施和公共设施不断完善，其所形成的产业体系对经济增长的贡献越来越大，产生了较大的经济效益和社会效益。

#### 4.2.2.2　对资源配置的市场

市场是资源配置的有效方式，也是调节经济的重要手段之一。市场是通过供给和需求，实现资源的最优化配置和资源的合理化利用，与各系统的投入要素，如劳动力、资本、土地和技术形成配套，在形成协调一致的同时，实现最大的发展。在海南森林资源与经济社会协调发展过程中，市场在两个方面起着作用。第一个方面，通过林业碳汇交易实现资源的有效配置，从而实现热带森林资源持续发展。热带森林资源素有“地球之肺”之称，具有较强的净化能力，有丰富的动植物资源，是典型的动植物基因库。由于可再生能力相对较弱，森林资源是一个区域持续发展的重要条件。森林的经济功能相对于生态功能要弱，这也是导致森林资源被破坏的主要原因。碳汇交易是一种把生态功能转化为经济功能的一种有效方式，通过碳汇交易提高居民收入，同时避免森林资源受到破坏。据绿色和平组织称，2002—2012年间，海南中部山区热带雨林减少了7万多公顷。当地居民通过毁林开荒种植经济作物来实现收入的增加。REDD机制是《京都议定书》之下的一种机制，指发达国家向发展中国家提供资金与技术，用于完成发达国家温室气体的减排，以此来保证森林资源不遭受破坏。REDD机制在巴西得到了很好的运用，也有效地控制了热带森林资源的流失。海南目前热带雨林的面积较少，还没有建立起REDD机制下的碳汇交易制度，但完全依赖热带雨林保护和监管难以保证森林资源不遭受破坏。第二个方面，市场是经济调节的基本手段，在海南已经形成了与其他地区一样的开放市场，由于国家政策的落实，其市场特性与其他地区还存在一定的差别。首先，海南是岛屿型经济，其市场也存在一定的岛屿特性，形成了以海口和三亚为中心的市场格局，劳动力、资本和技术基本上集中于海口和三亚，资源的流向也由海口和三亚向全岛进行辐射。其次，由于海南享受国际旅游岛的相关政策，形成了离岛免税和离境退税的市场环境，增加了进口商品的销售，促进了商贸的发展。

#### 4.2.2.3 社会人文

在森林资源与经济社会协调发展过程中，无论是各系统的独自运作还是协调发展都离不开人的因素，尤其是经济和社会系统，都是由人参与的有目的的活动。在协调发展的过程中，人是决策者也是参与者和受益者。人作为决策者，政策的制定、规划的设计、项目的实施对森林资源的利用与保护和经济社会活动都会产生影响，从而导致人的主观性对协调发展起到关键作用。随着国际旅游岛开放度不断加强，海南越来越吸引岛外及国外的游客，2015年游客人数达到4493万人次；同时，海南岛凭借得天独厚的气候条件、优美的自然环境和空气质量，每年冬天吸引着全国各地尤其是北方地区的老人前来避寒，形成了一个独特的群体——“候鸟”老人，其年平均人数达到40万人。在协调发展过程中，决策者、执行者和参与者同时存在，而且他们来自不同地域，形成了多元文化的人文特性。由于不同群体的目标不一样，利益需求也千差万别，所引发的动机或行为也不同。政府工作人员的主要目的是实现国际旅游岛经济社会的全面发展，旅游及相关服务行业的管理人员是实现服务的效率化并提升经济收益的关键因素，游客或“候鸟”主要享受或体验海南岛给予的自然环境和服务设施。协调发展的过程实际上也是众多目标或子目标实现的过程，如社会的进步、经济水平的提升、福利的改善和技术的进步。不同的社会人文造就了各自利益群体的冲突和矛盾。国际旅游岛的建设，在基础设施、自然景观和服务方面都得以改进，但也造成了物价的上升和地区承载力的不足，导致本地居民生活成本上升，进而对国际旅游岛的建设普遍持有抵触的态度。比如，春季期间由于大量的“候鸟”老人和游客集中于三亚，城市承载力受到极大的挑战，大大影响了当地居民的生活质量。

## 4.3　热带森林资源变动下经济、社会和生态协调发展的演化机理

森林资源变动系统演化机理是森林资源在变动过程中经济、社会和生态等客观事物或现象的基本原理或运行规则，也是各系统所表现出的关系形式。其核心内容是组成经济、社会和生态等客观事物的基本构成要素以及形成森林资源变动系统的特定结构和特定功能的整合法则。

森林资源动态变化系统由经济系统、社会系统和生态系统构成，它们随着森林资源的变动而相互影响，相互作用，形成了特定的系统协调演化过程。从空间理论角度分析，复杂系统一般由三个或三个以上的要素构成，具有结构性、复杂性和非线性等特征。从森林资源动态变化系统来分析，经济系统、社会系统和生态系统是其构成的基本要素，它们之间的变动、对称、平衡决定了系统的协调发展状态。对森林动态变化系统演化机

理的分析要从各系统间的关系来进行，才能解释森林资源变动系统的协调发展演化，包括森林生态与经济协调发展演化、森林生态与社会协调发展演化、经济和社会协调发展演化三个方面。

### 4.3.1 森林生态与经济协调发展演化

森林生态系统是经济系统重要的基础条件。经济系统在发展过程中会影响森林生态系统的功能，同时也会为森林资源结构的完善和森林生态的恢复提供条件和动力。由此可见，森林生态系统与经济系统间的协调主要表现为两个方面：一是森林生态系统自身的特性所表现出的经济功能间的协调关系，这种协调关系更多地表现出一种直接性；二是森林资源与其他产业或经济活动所形成的协调关系，是一种间接性协调关系。森林资源由于受到人为因素和自然因素的影响，会表现出一定的动态变化，而这种动态变化主要表现为森林资源结构的变动，天然林和人工林比例的变化，人工林的增加，尤其是经济林的增加，在一定的时间内会促进相关产业的发展。

在国际旅游岛建设定位中，要把海南建成热带农业生产基地，充分发挥海南热带农业资源优势，大力发展热带现代农业，使海南成为全国冬季菜篮子基地、热带水果基地、南繁育制种基地、渔业出口基地和天然橡胶基地，从而使海南热带经济林和热带农业出现快速的增长。海南经济林主要包括桉树林、天然橡胶林、槟榔林和椰林等经济林，随着以上经济林木种植面积的扩大，海南的纸浆业、天然橡胶产业及其相关加工业、槟榔加工业及食品饮料业等得到了快速的发展，从而增加了林业经济对海南 GDP 的贡献率。热带农业尤其是热带水果的发展，也会占用部分林地。由于林地面积是有限的，经济林地面积的增加会削减天然林的面积。在保证林业经济发展的同时，又能通过森林资源维持当前的生态环境，是森林资源与自身经济功能间协调关系的表现。森林资源环境与其他产业间的协调关系主要表现为森林资源的变动会影响区域性气候条件、生态环境和抗灾能力等方面，对其他产业产生负面影响。由于所处的区域位置，海南最大的自然灾害是台风，台风尤其对农业生产的影响巨大。为了防止台风对海南岛的影响，省政府在沿海地区建了大量防风林，但随着国际旅游岛的建设，沿海旅游景点和房地产的开发，防风林受到了极大的破坏，2014年“威马逊”台风导致海南直接经济损失达到119.5亿元，其中70%是农业和林业的损失，一度打破了森林资源环境和经济建设间的平衡关系。

### 4.3.2　森林生态与社会协调发展演化

森林资源与社会发展有着密切的关系，它所形成的生态环境条件是社会发展的基础。社会的发展需要良好的生态环境，而过度的社会发展会加快对森林资源的消耗，从而影响所在区域生态环境的变化。社会系统由所在区域人口、行政、文化教育和福利等内容组成。人口数量的增加、行政区域的变化、文化教育水平的提升和福利的增加都会在一定程度上影响森林资源，从而引发生态环境的变化，森林资源的有限性也会进一步限制社会系统的发展。海南建省后，经过20世纪90年代的房地产经纪泡沫期，经济发展水平有了明显的下滑，社会发展也受到很大影响。2000年后，省政府调整了经济和产业发展政策，提出了绿色发展，经济发展方式有了明显的变化。尤其是在2010年实施国际旅游岛战略后，经济和社会发展的步伐明显加快，海南从原来相对封闭的岛屿经济向开放型经济转变，社会发展方式也随之转变。2015年，海南省委省政府确定了旅游业、热带特色高效农业、互联网产业、医疗健康产业、现代金融服务业等十二大重点产业。国际旅游岛的快速发展，旅游经济的快速膨胀，伴随着房地产开发和流动人口的快速增加，岛内的资源消耗较快，其中土地资源和森林资源消耗较为明显。社会系统中的福利对森林资源所形成的生态环境条件有较高的要求，不仅需要经济作为基础性条件，而且还需要生态环境作为支撑。福利作为社会发展重要的组成部分，是教育、医疗等替代不了的，也决定了社会发展的质量水平和基本的结构形态。森林资源所营造的生态环境条件不仅能提高海南社会福利水平，而且也能为国际旅游岛的战略实施提供良好的自然条件，更便于热带雨林旅游项目的开发，从真正意义上实施海南绿色发展战略。由此可见，森林资源的稳定能使社会发展更为合理，发展水平更高，进而影响区域经济水平的提高，形成经济、社会和生态的协调发展，保证三者的良性循环。相反，若森林资源消耗较快，影响到区域的生态环境条件，导致其生态环境恶化，社会福利下降，社会发展水平降低，同时也导致海南整个旅游环境的恶化，从而形成经济、社会和生态间的恶性循环。总的来看，社会的发展与森林资源环境既能相互促进相互提升，又能相互制约相互影响，决定着海南本岛系统间的协调演化。

### 4.3.3 经济和社会协调发展演化

在特定的森林资源环境条件下，经济系统和社会系统之间存在相互影响与制约的关系。其中，经济系统为社会系统发展提供了动力源，而社会系统为经济系统的发展提供了社会文化环境。在森林资源的动态演变或利用过程中，对经济的产出并非主要目的，而仅仅是为了解决生存问题。在这个时期，森林资源利用的经济效益表现得十分微弱，而社会效益和社会发展也较为简单，二者间没有建立起明显的作用关系。改革开放以来，海南岛社会经济取得了较快的发展，生产力水平有了明显的提高，森林资源的利用不仅是为了满足生存需要，更多的是森林资源利用深度和广度的加强，使社会和经济之间的联系更加频繁，社会系统与经济系统之间的关联程度也逐渐加强。海南建省以后，社会系统和经济系统日趋完善，其系统的组成、结构和层次也越来越完整，复杂化程度也越来越高，两者的关联性也变得更为紧密。经济发展是社会发展的基础，也是一个经济社会追求的最终目的。国际旅游岛战略实施以来，海南经济社会取得了较快的发展，经济增长稳定，2015 年全年全省地区生产总值达到 3702.8 亿元，是建省时地区生产总值的 48 倍，增长速度明显。2015 年，全省人均地区生产总值达到 40818 元，公共预算收入达到 1009.99 亿元。在社会发展事业方面，其中常住居民人均可支配收入为 18979 元，新型合作医疗参合率为

97.93%，城镇与农村最低生活保障人数分别下降到 8.83 万人和 19.92 万人，社会事业取得了较快的发展。由此可见，经济水平的提升促进了社会全面而有效的发展。社会发展的同时不仅为经济建设提供了更好的人力支撑，也为经济的全面发展提供了一个较为和谐的社会人文环境。社会的发展是社会效益不断改变和提升的过程，文化教育、医疗和养老等方式的改变，对劳动力的数量和质量都具有明显的促进作用，从而为经济系统的效益提升提供智力支持。

总的来说，海南热带森林资源变动下经济、社会和生态之间相互协调构成了一个特定的系统，任何两个部分间的协调变化关系都会影响系统的整体协调发展关系。森林资源系统不仅是一个自然系统，而且也是一个社会经济协调系统的重要组成部分。海南社会经济的发展必须建立在对热带森林资源利用的基础上，建立热带森林资源与社会经济发展的关系，注重其系统演变的规律，才能形成最大的协调发展效应。

## 4.4　系统协调发展的演化轨迹

由上述分析可以看出，海南在森林资源的动态变化过程中，其系统协调发展演化的方向不是恒定的，并非一直处于正向发展状态，也出现过负向退化状态，主要在于热带森林资源利用所表现出的动态变化与海南社会经济发展水平是否协调一致。省政府在 2000 年后提出的绿色发展已经对海南社会经济的发展做出了明确的规定，在近十几年的发展过程中，也取得了较为明显的成效，在 GDP 保持高速增长的同时，生态环境质量保持良好。2016 年中国绿色发展指数报告显示，海南参与测算绿色发展评比，在入选的 30 个省市中排名前十。2016 年城市绿色发展指数测算结果显示，100 个测评城市中，海口排名第一。作为一个区域性系统，经济、社会和生态各系统的和谐一致、共同发展是可持续发展的基本前提条件。只有系统出现协调发展状态，才能保证系统功能的不断增强。

海南热带森林资源在动态变化过程中，包含了经济、社会和生态三个系统，它们相互影响、相互作用并相互制约，形成了特定的系统结构和功能，从而也引发了特定的演化轨迹。协调发展受到经济、社会和生态三个方面因素的共同影响，为了更直观地分析它们之间的关系，结合上述协调发展演化机理，以两系统间的协调发展分析为基础，分析其系统协调发展的演化轨迹。经济系统和生态系统的协调发展演化如图 4-1 所示。

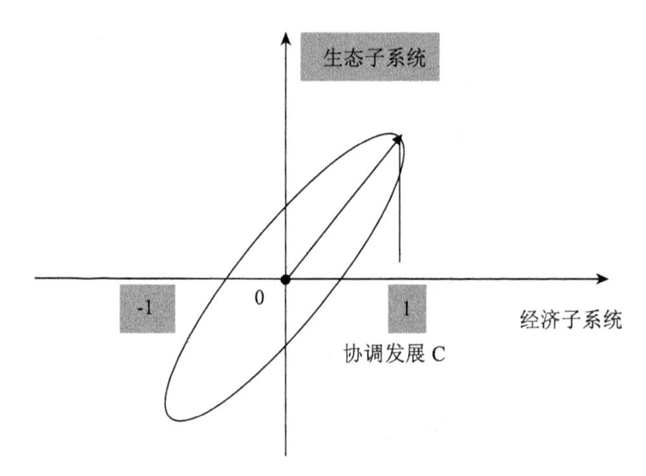


**图 4-1　生态与经济系统协调发展演化图**

图 4-1 表示在森林资源变动下经济和生态协调发展演化。横坐标表示经济发展水平；纵坐标表示生态水平；C 为协调度向量，C 在横坐标上的投影为协调度，箭头的指向表示协调发展的作用方向；椭圆表示经济和生态协调发展的演化轨迹，协调度的上下限分别为 1 和−1。按照轨迹在坐标中的位置和象限，可以把经济和生态协调发展演化分为四种情况，分别为：第一象限为协调发展型，表示经济系统与生态系统发展水平处于不断增长阶段，两者的协调度都为正值，且协调发展度能达到最高值 1，两者的融合度也变得最高。但在这一象限中，也可以看出协调发展也会出现偏向的问题，上半段弧线表示偏向于生态建设，而下半段则偏向于经济建

设，但整体来看经济与生态的协调性都较好。第二象限为生态导向型，系统的发展以生态发展为主要内容，是为了维持较好的生态环境而对系统内的经济发展进行限制，其结果会导致整个系统功能的不完整，经济发展严重衰退，经济与生态的协调关系不复存在。第三象限为协调衰退型，经济系统与生态系统协调发展处于逐渐衰退的状态，无论是经济功能还是生态功能都出现了严重的退化，协调发展度也变成负值。第四象限为经济导向型，当过于注重经济发展而忽视生态环境的建设和保护时，系统的功能向经济型转变。这四种状态在不同时期都会交替出现，也表现出经济和生态协调发展的演化关系，从一般情况来分析，其演化轨迹是从第一和第四象限间进行转变。同理，无论是经济与社会的协调发展还是生态与社会的协调发展都遵循这个规则，可以采用类似的方法来表示。只有各系统间的协调发展才能保证系统整体的协调统一性，才能在森林资源变动过程中保证系统结构稳定和合理。

海南森林资源动态系统协调发展的演化大致经历了以下几个阶段：第一阶段，新中国成立前。海南低水平和粗放型的产业格局，以及无序开发和日本帝国主义的掠夺导致森林资源破坏严重，到 1949 年森林覆盖率为 49. 2%，资源的损耗及生态环境恶化导致生态与经济社会间的不协调。第二阶段，新中国成立到 1988 年建省。在国家“以粮为纲”的基本政策引导下，长期毁林开荒，不断扩大粮食作物和甘蔗、橡胶等经济作物的种植面积，森林面积锐减。1988 年建省前，森林覆盖率仅为 22. 3%，其中天然林破坏极其严重，主要以人工林和次生林为主，生态效益水平较低，森林资源环境与经济社会的发展严重不协调。第三阶段，1988 年建省到 20 世纪 90 年代末。海南生态环境受到重视，也有了一定程度的改变，但作为一个刚建立的省份，经济建设仍然是所有工作的重点，在经济建设取得超常规发展的同时，资源损耗和生态环境失调的现象依然明显。第四阶段，1999—2010 年国际旅游岛战略实施。1999 年，海南作为国家第一个“生态示范省”开始建设，省政府在政策和资金上给予了保障，退耕还林和生态补偿实施的力度不断加大，森林资源尤其是天然林资源得到了较好的恢复，森林覆盖率达到了58.48%。经济建设也稳步推进，GDP增长率在全国名列前茅，经济社会发展与生态环境发展协调度较高，但从整体上来看，发展水平还较低。第五个阶段，2010年到现在。随着国际旅游岛的建设，相关产业的快速发展，尤其是房地产开发出现了快速增长，土地资源以及林地资源损耗较大，热带森林旅游景区项目的建设一定程度上也消耗了森林资源。另外，流动人口的增加导致了地区承载力的变化，导致海南本地物价水平上涨，当地居民生活受到较大影响，出现了生态环境条件与经济社会短期内不协调的现象。

## 4.5 森林资源与各系统的关系

森林资源变化对区域经济、社会和生态产生了不同程度的影响，它们之间的关系较为密切，形成了相互联系的系统。生态环境状况取决于森林资源条件的动态变化，生态环境或自然环境的稳定性不仅决定着森林自身的内部生态效益，而且还影响到该区域的社会经济发展水平，形成了以生态环境为基础的特有的协调体系。该体系主要包括以下几个部分：森林资源系统、经济系统、社会系统和生态系统。该体系以森林资源以及生态环境为基础，以经济社会为核心，构建成具有特定功能的动态系统。森林资源条件是一个经济社会发展的必要条件，所产生的效益是人类赖以生存的基础。生态、经济和社会三者有密切的关系，相互影响，相互制约，是不可分割的统一体。

由图4-2可以看出，海南经济、社会和生态受制于森林资源的变动，而三者间也会相互影响，其中，热带森林资源是生态、经济和社会变化的中心，是产生内在影响的根源所在。海南区域经济和社会的过度发展也会影响生态环境的变化，如何使生态环境与经济社会发展之间形成一种动态平衡和协调状态是森林资源利用和发展的关键所在。海南生态环境和经济社会发展的协调状态是时刻变动的，不仅在数量上有所变动，而且在质量上也会出现变化，这种变动往往会导致海南生态环境与经济社会产生矛盾或出现两者间的不协调。这种不协调不仅会导致林业行业内的经济社会的变化，而且会影响到所在区域的生态环境，处理好森林资源变动与经济社会发展之间的关系是非常重要的。

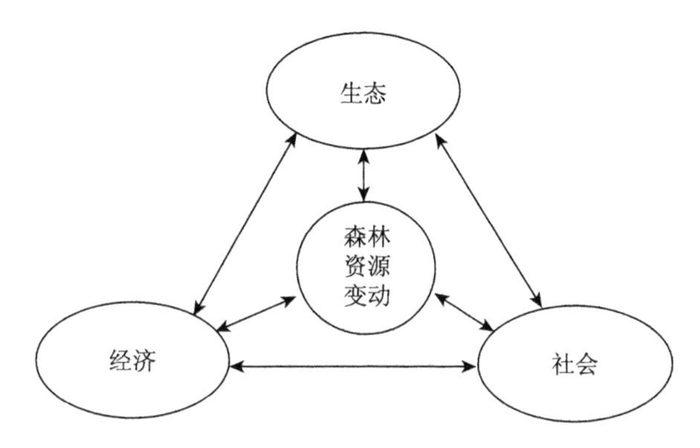


**图4-2　海南森林资源生态、经济、社会协调发展关系图**

由于海南热带森林资源的变动，各系统之间的关系出现了变化，主要表现为以下几个方面。

（1）生态功能的增强与国际旅游岛建设相适应。由3.2海南森林资源状况及结构变动中的数据可知，林地面积一直处于增加的趋势，各龄林面积和蓄积都有了较大幅度的增长，森林覆盖率不断提高，生态功能不断增强。由此可见，森林资源在20世纪80年代末建省以来发生了较大的变化，所产生的生态效益较为显著。森林资源通过涵养水源、保护土壤、制造氧气、净化空气和美化环境等生态功能，为国际旅游岛建设构建了一个良好的生态环境，为打造具有国际竞争力的旅游胜地奠定了良好的基础，同时对于推动区域社会经济建设具有不可或缺的作用。《海南国际旅游岛建设规划》在战略定位中明确提出要建成全国生态文明建设示范区，坚持生态立省、环境优先，推进资源节约型和环境友好型社会建设，建设低碳经济示范区。森林资源的不断增长，生态功能的增强以及生态环境的改善为国际旅游岛的建设提供了保障。

目前，全省拥有8个国家级森林公园、17个省级森林公园和32个国有林场，经过这几年的开发，逐步形成了热带雨林游、热带花卉园林游、湿地红树林游、野生动植物游等森林生态旅游产品。丰富的森林资源对于热带森林旅游的发展也起到了积极的推动作用，国际旅游岛从以海洋为主题的旅游向森林旅游及康养等方向进行延伸和扩展，热带雨林旅游项目现在已经成为海南旅游的一个新的亮点，提升了海南国际旅游岛的整体水平。

（2）经济林扩张适应国家战略，但改变了生态环境。目前，海南的经济林主要包括天然橡胶、桉树、槟榔和热带水果等热带作物，自20世纪90年代以来，经济林扩张较快。海南农垦自1952年组建起，开始承担天然橡胶的种植，建成了我国最大的天然橡胶和热带水果生产基地，天然橡胶林面积达到了25.5万公顷，为我国国家战略提供了保障，为海南热作事业的发展奠定了基础。在半个多世纪的发展过程中，对海南地方经济起到了很大的带动作用，促进了地方天然橡胶和热带作物种植面积的增加。从森林资源调查数据可以看出，经济林数量增长迅速，在提高农民收入的同时，也保障了国家战略的安全。然而，天然橡胶林和纸浆林的快速扩张，破坏了大量天然林资源，单一树种对生态环境和生物多样性也产生了负面影响。调查报告数据显示，经济林在20多年内，种植面积增加了两倍，其增加的面积大多数是毁坏了天然林。牛路岭、大广坝、松涛三大水库，由于水源涵养林遭到严重破坏，2000年以来，水库的来水量呈逐年减少的趋势。

（3）防护林的建设与海南岛的防灾减灾相协调。海南岛由于地处热带北缘，是一个台风频发的地区，受台风的影响较大。台风一般都是由东到西穿过海岛，东部市县受到台风的影响最大。海南岛的沿海防护林以防止台风袭击、防海浪侵蚀为主要的目的，除此之外还有维护生态和美化环境的作用。海防林为建设绿色海岛的屏障，对于台风的防治和减灾起着重要的作用。东部市县的防护林建设是海南岛防护林建设的重点，不断提高防护林建设的质量、扩大防护林的面积，对于红树林和基础设施的保护，以及改善和调节小气候等具有重要作用。海南防护林工程实施以来，沿海的防护林防灾减灾功能日渐显现，农作物受灾面积减少，产量提高，减灾增产的效益明显。随着海南国际旅游岛建设的深入，沿海房地产的过度开发，海防林破坏严重，丧失了防护功能，在一定程度上出现了不协调的局面。

## 4.6　本章小结

本章主要是对海南森林资源变化与经济社会协调发展的演化机理进行分析。在海南热带森林资源变化状态下，区域经济、社会和生态协调发展的过程及各自的作用关系主要表现出复杂性、层次性、动态性和不确定性四个方面的特征。在协调发展过程中，其协调与发展程度受到资源环境与社会经济复合系统的自组织因素和他组织因素的共同影响，分析指出自组织因素包含自然因素、区域因素和结构因素，他组织因素包含政策和法律因素、市场因素和社会人文因素。在协调发展演化的机理方面，主要表现为资源环境与经济间的协调演化、资源环境与社会间的协调演化及经济与社会间的协调演化。通过对协调演化机理的分析，揭示了海南热带森林资源、经济、社会和生态协调发展的演化轨迹，其轨迹是从协调衰退型到经济主导型再到协调发展型进行转变，这种演化轨迹是它们共同作用的结果。

# 第5章　海南热带森林资源变动下经济、社会和生态协调度表征

通过第4章对海南森林资源变动下协调发展的特征、影响因素、演化机理以及演化轨迹进行分析得知，森林资源变动下的经济、社会与生态协调发展包含了协调和发展两个方面。经济、社会与生态间的协调发展与森林资源的变动有较强的关联性，受到众多自然因素与社会因素的共同影响，所表现出的演化轨迹也不一致。协调是发展的前提条件，发展只有在协调的基础上才能顺利实现，经济、社会及生态中任何一方的失衡都会影响发展进程与水平。如何判断森林资源变动状态下它们之间协调发展的关系，在本章将做出分析。

岛屿特性决定了海南是一个相对独立的生态系统，国际旅游岛的建设使该系统表现得更加复杂，内部的结构关系也发生了变化。国际旅游岛建设，良好的环境是首要条件，森林资源稳定是良好环境的保障。热带森林资源与经济社会之间也构成了一个特定的变动系统，而经济、社会和生态协调建立在这一系统层面上，体现了它们之间的作用关系。这一系统内部各要素间相互作用、相互促进及均衡发展的关系构成了系统协调演进的基本规律和整体表现，各组成部分有序、均衡和稳定发展所形成的关系确定了协调方向。由于各组成部分具有较强的复杂性和不确定性，难以对其进行一一量化处理和判断，只能对主要因素进行分析，才能形成一个整体的把握。因此，本章拟对森林资源变动条件下的经济、社会与生态协调度进行分析。

## 5.1　基本思路

在森林资源变动下，海南经济、社会与生态协调度是各要素之间的复杂关系在系统层面上的综合反映。因此，协调度表征分析应按照以下的思路进行：第一，根据第 4 章各系统的作用关系进行分析，森林资源变动影响到经济、社会和生态系统，利用林地结构熵和灰色关联度建立它们之间的联系，明确经济—社会、经济—生态和社会—生态之间以及三者间的理论关系；第二，选取协调度表征相关的系统参量，并根据上述结构图中的系统进行归类，便于利用各参数对系统的状态进行描述；第三，为了更精确和直观地反映各系统的协调状态以及在宏观层面的表现，依据森林资源的变动趋势和规律对初步选取的参量指标进行筛选；第四，根据专家对参量指标的排序，利用序关系分析方法进行赋权，对评价指标的权重进行判定，以确定参量在系统协调发展中的重要程度；第五，为了更好地反映各系统的发展状态，构建各系统的评价指数函数，对经济、社会和生态综合发展指数进行度量，建立协调度模型，利用各系统的综合发展指数对经济—社会、经济—生态和社会—生态及三者间的协调度进行度量，实现对热带森林资源变动下协调度的表征。

森林资源及生态环境条件是社会经济发展的基础，没有稳定的生态环境难以促进社会经济的可持续发展。经济和社会的发展也会影响到生态环境的变化，两者呈现出较为密切的关系。生态和社会经济发展之间呈现出明显的动态变化。经济、社会和生态协调度评价是研究经济社会发展与生态之间内在协调的均衡关系，能深层次地揭示经济社会发展与森林资源利用的平衡性。[121]这种协调关系的建立是一个国家或地区经济、社会和生态稳定发展的前提，也是经济社会可持续发展的保证。

森林资源及生态环境条件都具有动态性、区域性和层次性，不同地区森林资源及环境条件有很大的差异，与区域经济社会发展形成的特定关系和结构方式对于该地区的发展至关重要。海南森林资源较为丰富，森林资源的利用和经济社会发展之间的协调性更为重要。在森林资源动态变动条件下对海南经济、社会和生态协调发展的研究要立足于可持续发展的角度，分析整个社会系统及森林系统内部构成要素之间的影响关系，寻求经济、社会和生态发展间的作用机理，揭示出三者在动态变化中的协调度及变动的演化规律，为后期森林资源结构调整决策提供必要的基础条件。通过这一研究，可以加大对海南森林资源的利用效率，确保在环境和生态稳定的基础上，进一步拉动区域经济增长，促进所在区域社会功能进一步增强。

## 5.2 指标体系的构建

在海南森林资源变动条件下对经济、社会和生态协调进行评价，既要考虑到三者之间的关联性，也要考虑到森林的自身特性以及森林资源的变动状况，建立森林资源变动状况与经济、社会和生态三者的内在逻辑关系。基于以上考虑，在对经济、社会和生态发展协调评价的过程中，构建一个较为全面且合理的评价指标体系，不仅能较为客观、科学地描述三者的关系和主体内容，而且能为海南森林资源系统评价奠定基础。

### 5.2.1 协调发展度指标体系研究进展

协调发展度在国内的研究最早是在可持续发展评价研究的基础上建立起来的，国内知名的专家学者在总结绿色 GDP、国民经济核算、区域可持续发展、资源可持续利用及发展评价指标的基础上，通过深入研究分析，提出了与可持续发展关联性极高的“协调发展度”这一概念。这些研究对区域发展进行了全方位分析，从纵向角度对区域长远发展进行科学的评价，从横向角度对资源利用及系统的协调发展关系进行诠释。协调度和协调发展度的评价范畴也逐渐扩大，主要包括资源利用与社会经济发展间评价、土地利用效益协调评价、水资源生态经济系统协调度评价以及森林资源利用与经济社会效益评价。[122]

国外把协调发展度研究与可持续发展研究作为同一个内容，在对区域发展评价中，两者是一致的。在评价指标体系的设计上有单一指标评价和多指标评价。单一指标评价是基于对资源利用价值量的衡量，以此来反映该区域经济的可持续性，评价指标体系的设计简单直观；多指标评价体系是对评价对象进行综合性分析和评价，国外专业机构对评价指标进行了统一的规范，如联合国可持续发展委员会（UNCSD）制定的指标体系、环境科学委员会提出的综合性评价指标体系及世界银行指标体系等。

国内关于协调度和协调发展度的评价也可分为单一指标体系评价和综合指标体系评价两类。其中，单一指标体系与国外的单一指标类似，是价值型评估模式为主，表现为资源环境核算和国民经济核算；综合指标体系评价是利用多个指标对资源或经济之间的协调性及协调发展度进行全方位的评价，在部分协调发展度评价中往往与经济发展的可持续评价结合在一起。在协调度评价方面，较早提出指标体系的主要有牛文元、曾嵘、魏一鸣等。牛文元①（1999）在《中国可持续发展战略报告》中设计了中国可持续评价的主要指标。曾嵘、魏一鸣等②（2000）就北京市人口、资源与经济协调发展分析依据可持续发展理论构建了系统内部层、关联层和调控层三个层次，其中内部层分为人口、资源、环境和经济四个子系统，关联层建立了人口与经济、环境与经济及资源与经济三种关联关系，调控层则用经济总量、人口容量、环境承载力和资源承载力来说明。随着对协调度研究的不断深入，其研究对象也发生了变化，从经济与环境间的协调向其

① 牛文元．可持续发展：21 世纪中国发展战略的必然选择［J］．生态经济，2000（1）：1-3.

② 曾嵘，魏一鸣，范英，等．北京市人口、资源、环境与经济协调发展分析与评价指标体系［J］．中国管理科学，2000，8（S1）：310-317.

他领域扩展。

在资源利用的协调度评价方面，国内的专家学者主要是把资源的利用与经济社会的发展结合起来，对其关系分析并进行相应的评价。由资源的利用或变动所引发的经济、社会和生态发展在不同的区域范围内有差别，协调度和协调发展度也不一样，指标体系主要围绕资源的变动状态，根据经济、社会和生态出现的变化进行设计，本书的研究过程按照这一思路来实施。

## 5.2.2 评价指标体系设计的原则和程序

### 5.2.2.1 评价指标体系设计的原则

指标体系是对客观存在的事物和现象的一般性描述，是反映事物发展及系统变化特征的基本参量。指标体系选择的合理与否直接影响到评估结果的准确性，而保证指标体系的合理性需要依据科学的方法、正确的原则和严格的程序。对于指标体系的构建，这几个方面是至关重要的。[123]海南森林资源变动状况下协调评价指标体系的设计主要围绕经济、社会和生态三个方面，在对协调度评价的指标体系进行设计时，要考虑以下几个原则。

（1）科学性原则。在对森林资源变动下经济、社会和生态协调度的评价过程中要注重理论与实践的结合，对指标体系设计的方法和设计的过程要客观，具备科学的理论依据，设计出的评价指标体系要符合森林资源变动与经济、社会和生态间的逻辑关系。评价指标体系是对实际产物在理论上的提升，所以在设计方法的选择上，无论是定性还是定量方法，都要考虑到评价指标体系是对客观事物的一般性描述，所以要注意抓住最本质的东西，并通过简洁、清晰和精练的语言表述出来。除此之外，注重评价方法与评价指标选取时的匹配性和适用性，最大限度地保证评价结果的正确性。

（2）系统性原则。系统性原则是评价指标体系设计时注重指标体系的组成以及各指标之间的关联性，社会、经济和生态效益虽然属于不同的研究领域，但三者之间关系非常密切。设计出来的指标存在横向联系和纵向联系，其中横向联系的指标往往表现出相互制约性或矛盾性，而纵向的指标表现出层次性和包含性，这种横向和纵向的联系使得森林资源效益协调指标形成若干组、若干层次，指标体系更为复杂，表现出较强的系统性。

指标体系的设计还要考虑系统优化原则，在设计时要考虑用较少的指标对经济、社会和生态效益协调进行较全面的评价，同时也能有效处理好同层次指标之间的制约关系，兼顾总体。在指标体系设计时应按照层次性原则从总体指标分解成二级、三级指标，形成目标层、准则层和指标层，进而形成树状结构的指标体系。

（3）可比性原则。可比性原则是在设计指标体系时要考虑到指标可以在不同时间、不同区域间从纵向和横向方面进行比较。纵向比较是要求设计指标体系时，在内涵上保持指标的相对值稳定，防止在不同时期纵向比较时出现偏差。横向比较是要求在设计指标体系时，确定各个指标的权重，以便对不同对象横向比较时保持一致。

（4）可操作性原则。可操作性原则是要求在设计协调评价指标体系时，指标体系及各个指标在评价时要可行且可操作。指标体系设计得要简洁，不能过于烦琐，应便于在评价时操作。另外，指标涉及的数据应容易获得，资料的收集应准确可靠，最终的评价结果应保证客观公正。

#### 5.2.2.2　评价指标体系设计的程序

在上述设计原则的基础上，结合本书的研究对象森林资源变动下的经济、社会和生态发展状态及其相互关系，借助于相应的指标设计和筛选方法，来设计并建立指标体系。首先，对国内外专家关于资源利用或变动条件下经济、社会和生态协调发展研究的文献进行分析，选出文献中涉及协调的评价指标，根据海南森林资源的变动情况以及经济、社会和生态的发展状况、特点及其之间的相互关系进行比较分析，建立海南森林资源变动条件下协调度评价的初始指标体系。其次，借助于土地利用结构熵模型，计算林地资源利用结构熵，以此来反映森林资源的变化状况。最后，利用灰色关联度模型对森林资源变动与经济、社会及生态指标间的关联性进行分析，对初始指标库进行筛选，建立海南森林资源变动下经济、社会和生态协调评价初选指标集。通过分析林地资源利用结构熵和灰色关联模型等制定定性和定量方法和措施，使协调度指标的构建更符合实际情况，更具有科学性和严谨性。

### 5.2.3 指标体系的理论构建

依据上述评价指标设计的原则和程序，在指标选取的思路上要突出森林资源的变动状况，体现经济、社会和生态之间的特点和关联。经济、社会和生态的协调性与森林资源的可持续利用及发展息息相关，因此，构建森林资源变动条件下的经济、社会和生态协调评价的指标体系，必须遵循可持续发展理论框架。

要实现经济、社会和生态协调评价的目的，首先要把经济、社会和生态作为独立的系统，而各个系统由众多要素构成，每个要素对系统都会产生一定的影响。按照以上系统分析思路和设计的基本原则，可把海南森林资源变动下经济、社会和生态协调评价指标体系大体分为三个层次，分别为目标层、系统层和指标层。[124]目标层为海南森林资源变动下经济、社会和生态协调度评价的最终结果，揭示最终三者协调程度和协调特点。系统层则是对经济、社会和生态三者之间的关系进行描述，阐述各系统之间的关联性，在指标的设计方面主要反映各要素的基本状态：经济系统主要涉及地区经济发展、农林业部门经济、林业相关产业及农民收入等方面的内容；社会系统主要涉及提供就业、养老、文化教育和科技等方面的内容；生态系统主要包括资源利用、生态保护和森林生态功能等方面的内容。指标层依据系统层的评价要求和原则，对经济、社会和生态所涉及的内容再进一步细化，与现有的统计数据或指数形成匹配。通过这种系统方式构建的指标体系一方面符合理论的框架结构，另一方面能与实际情况形成有效的融合，也会考虑到指标参量数据的可获得性，能比较全面地体现森林资源变动下经济、社会和生态之间的协调发展状态。运用文献分析和系统分析的方式，初步设计出 31 个具体指标组成的森林资源变动协调评价指标集，见表 5-1。

**表 5-1　海南省森林资源社会、经济、生态效益评价初选指标体系**

| 目标层 | 系统层 | 指标层 |
|---|---|---|
| 海南省森林资源变动下经济、社会和生态协调发展评价指标体系 A | 经济系统 $B_1$ | 人均地区生产总值 $x_1$/万元 |
| | | 地区财政收入 $x_2$/亿元 |
| | | 人均固定资产投资 $x_3$/万元 |
| | | 恩格尔系数 $x_4$/% |
| | | 农民人均年收入水平 $x_5$/万元 |
| | | 农业总产值 $x_6$/亿元 |
| | | 林业总产值 $x_7$/亿元 |
| | | 林产品加工业产值 $x_8$/亿元 |
| | | 林业占 GDP 比重 $x_9$/% |
| | | 经济增长率 $x_{10}$/% |
| | | 劳动生产率 $x_{11}$/% |
| | | 第一产业比重 $x_{12}$/% |
| | 社会系统 $B_2$ | 人口自然增长率 $x_{13}$/% |
| | | 农业人口占全部人口比例 $x_{14}$/% |
| | | 第一产业从业人员数量 $x_{15}$/人 |
| | | 基本养老保险基金结余 $x_{16}$/亿元 |
| | | 养老保险人数 $x_{17}$/人 |
| | | 贫困人口占总人口的比重 $x_{18}$/% |
| | | 每万人口普通高校在校学生数 $x_{19}$/% |
| | | R&D 经费支出占地区生产总值比例 $x_{20}$/% |
| | | 农林牧渔业技术人员 $x_{21}$/人 |

续表

| 目标层 | 系统层 | 指标层 |
| --- | --- | --- |
| 海南省森林资源变动下经济、社会和生态协调发展评价指标体系 A | 生态系统 $B_3$ | 人均森林面积 $x_{22}$/（公顷/人） |
| | | 工业废气排放 $x_{23}$/立方米 |
| | | 污染治理投资 $x_{24}$/亿元 |
| | | 人均消耗能源 $x_{25}$/（吨标准煤/人） |
| | | 森林覆盖率 $x_{26}$/% |
| | | 荒山荒地造林面积 $x_{27}$/公顷 |
| | | 林地利用率 $x_{28}$/% |
| | | 耕地面积 $x_{29}$/公顷 |
| | | 有林地单位面积蓄积 $x_{30}$/万立方米 |
| | | 森林生态效益 $x_{31}$/亿元 |

构建的指标体系在不考虑实际条件和数据获得性的前提下，对森林资源变动协调度的评价是比较理想的。但在实际操作中，要考虑两个方面的问题：一是初始指标与森林资源变动的关联性问题；二是区域性经济、社会和生态等数据的可获得性问题，即使能找到可替代的数据资料，但两者之间的可替代性较弱，作为评价指标的操作性较差，对评价的结果也会产生一定的偏差。基于以上两个方面的考虑，对初始指标要进行一定程度的筛选，获得具有更强操作性的指标。

### 5.2.4 评价指标的筛选

由第 3 章的分析可知，森林资源的结构变动主要包括林地结构、林种结构、林龄结构和权属结构等方面的变化，其中林地结构是森林资源动态变化的核心内容，对其他结构变化产生一定的制约和影响。林地结构与森林资源动态系统功能之间具有密切关系，林地结构的变化会影响森林覆盖率、森林资源的数量和森林资源的质量。为了能够更好地体现林地结构的特征，引入土地利用结构熵，在本书中称为林地利用结构熵。它不仅能在一定程度上反映林地结构特征，还能体现森林资源系统的发展状态。另外，指标的选取不仅要全面，还要对森林资源结构和功能的动态变化更为敏感，更加能够反映森林资源变化与社会经济发展之间的关联性。基于上述考虑，把林地利用结构熵和灰色关联度模型进行结合，对理论构建的初始指标体系进一步筛选。

#### 5.2.4.1　林地利用结构熵

土地利用结构熵是土地管理领域用于度量土地变化特征和反映土地利用系统有序程度的一个概念。在土地利用结构度量中，熵值越大说明系统的无序程度越高，反之则越低。把此概念引入林地利用中，对林地利用结构加以分析，形成林地利用结构熵。自土地利用结构熵提出后，对土地利用结构熵值时序分析与社会经济发展或效益关联分析的研究成果较多。陈荣蓉、宋光熠等（2008）以重庆市荣昌县为例，分析了土地利用结构熵特征与社会经济发展之间的关系，土地利用结构熵从0.846增加到1.034，结果认为快速工业化和城镇化引发社会经济发展是引起土地利用结构熵变化的主要驱动力。[125]孔雪松、刘艳芳等（2009）利用了灰色关联分析法分析了土地利用结构与效益变化的定量关系，结果表明两者呈现为较明显的相关性。[126]本书是从林地资源变动层面来探讨各系统的协调性的，林地利用结构的变化对林地资源的变动有重要影响，与经济、社会和生态有明显的关联关系。因此，利用土地利用结构熵对指标进行筛选是可行的。

根据陈彦光等（2001）①、王秀红等（2002）② 学者的研究，在众多学者利用土地结构熵的基础上，笔者提出林地利用结构熵。林地利用结构熵的运算函数及计算方法如下：假设一个区域的土地面积为 $A$，该地区林地利用类型有 $n$ 种，不同种类的林地面积为 $Ai$（$i=1, 2, 3, \cdots, n$），公式为

$$A = \sum_{i=1}^{n} A_i \tag{5-1}$$

---

① 陈彦光，刘明华．城市土地利用结构的熵值定律［J］．人文地理，2001（4）：20-24.

② 王秀红，何书金，罗明．土地利用结构综合数值表征：以中西部地区为例［J］．地理科学进展，2002（1）：17-24，95.

计算各类型的林地面积占该区域林地总面积的比重，用 $P_i$ 来表示，其公式可以表示为

$$P_i = A_i/A = A_i/\sum_{i=1}^{n} A_i \tag{5-2}$$

$P_i$ 相当于事件的概率，表示第 $i$ 种林地类型在该区域林地利用类型中出现的可能性。由此可见，$P_i$ 具有归一性质。从而可以依据熵的基本理论，来确定林地利用结构熵的计算方法，用 $H$ 表示

$$H = -\sum_{i=1}^{n} P_i \log P_i \tag{5-3}$$

其中，$H$ 值越高表明林地的类型越多，各类林地面积相差越小。林地利用结构熵是区域林地类型变化的直接表现，是林地利用有序性的一种度量，反映某一时间段内区域林地利用类型的动态变化。

#### 5.2.4.2 灰色关联分析模型

灰色关联分析模型是属于灰色系统理论的一种分析方法。灰色系统理论是基于部分信息已知而部分信息未知的小样本，通过部分已知信息的开发对事物进行确切的描述，根据因素之间发展趋势的相似或相异程度来确定它们之间的关联度。[127]森林资源变动系统从整体上来说符合灰色系统“不确定、小样本和贫信息”的一般特征，这与森林资源系统内要素的复杂性和不确定性高度关联。森林资源属于自然系统，由于环境的多变和人类认识能力的不足，所能得到的信息和数据量是非常少的，正好符合灰色系统理论分析的基本原理。灰色关联分析根据序列曲线几何形状相似度来判断其关联程度，曲线越近则表明关联度越好。而在本书中运用则是为了对森林资源变动的目标变量与各系统状态参量间的关联度进行分析。灰色关联度模型如下[128]：

选取参考序列（林地利用结构熵）$x_0$（$t$）和比较序列（林地利用各子系统状态参量）$x_i$（$t$），分别对参考序列和比较序列进行无量纲化处理实施标准化，并计算差序列和最大、最小值：

$$\Delta_i(t) = |x_0(t) - x_i(t)| \tag{5-4}$$

$$\Delta_{max} = \max(i)\max(t)\left|x_0(t) - x_i(t)\right| \tag{5-5}$$

$$\Delta_{min} = \min(i)\min(t)\left|x_0(t) - x_i(t)\right| \tag{5-6}$$

灰色关联系数：

$$\xi_{0i}(t) = \frac{\Delta_{min} + k\Delta_{max}}{\Delta_{0i} + k\Delta_{max}} \tag{5-7}$$

其中，$k$ 为分辨系数，其取值范围是 $k \in (0, 1)$，值越小越能提高关联系数的差异，一般取值 0.5。进一步计算得出关联度：

$$\gamma_{0i} = \frac{1}{n}\sum_{i=1}^{n}\xi_{0i}(t) \tag{5-8}$$

利用林地利用结构熵与各系统的参量之间的关联度对指标体系进行筛选，选取关联度较大的指标作为协调度评价的主要参量。

从理论上构建的海南森林资源变动系统协调发展评价指标体系，有可能出现信息或数据的不关联或关联度差的现象，为了避免数据关联度不高而导致评价结果的偏离，还需要对所设计的指标进行筛选。为了确定一套可操作性强的指标体系，对理论指标进行筛选的步骤如下：第一步，借助于土地利用结构熵理论的基本思想，根据海南林地的利用状况以及各类林地的面积，计算海南林地利用的结构熵，判断其林地的结构特征；第二步，根据协调发展设计的理论指标体系，利用灰色关联理论，结合指标参量值及林地利用的结构熵，计算两者的灰色关联系数和关联度；第三步，根据林地利用结构熵与指标参量关联度的大小进行排序，把关联度大于 0.6 的状态参量选出，对指标进行最后的调整和完善，确定最终的指标体系。

本书以海南统计局、海南林业厅和海南环境资源厅等部门收集的数据资料为评价指标定量筛选的数据源。由于林业统计数据在时间上有一定的间隔性，约每隔 5 年进行一次调查，所以在林业资源原始数据的获取上，采用林业资源二类调查数据，对于部分缺失的数据采用内插法计算获得。具体数据通过查阅《中国林业统计年鉴》（1993—2016 年）、《海南统计年鉴》（1993—2016 年）、海南省林业资源二类调查数据（第 2~7 次）、海南省环境状况公报（1994—2016 年）得到相关指标的原始值。在原始数据中，涉及价格数据的指标参量，如地区生产总值、固定资产投资、农业总产值、林业总产值、农民收入已经根据相关价格指数进行了修正，原始数据见附录。在数据年份的选取上，考虑到数据的可获得性原则（调查每5年开展一次）和侧重性原则（国际旅游岛建设），对于1993—2008年间的数据采用间隔年份数据，间隔5年选取一次，而对于2008—2015年间的数据采取连续年份数据。

利用海南森林资源二类调查数据以及经济、社会和生态状态参量的数据，对全省森林资源变动参量关联度进行计算。由表5-2可以看出，海南经济发展各状态参量与森林资源变动结构之间的灰色关联度由大到小排序如下：$x_{10}>x_6>x_3>x_{11}>x_1>x_7>x_9>x_2>x_{12}>x_4>x_8>x_5$；海南社会发展各状态参量与森林资源变动结构之间的灰色关联度由大到小排序如下：$x_{19}>x_{13}>x_{17}>x_{16}>x_{14}>x_{21}>x_{20}>x_{15}>x_{18}$；海南生态发展各状态参量与森林资源变动结构之间的灰色关联度由大到小排序如下：$x_{26}>x_{29}>x_{22}>x_{31}>x_{25}>x_{23}>x_{28}>x_{30}>x_{27}>x_{24}$。分别将经济、社会和生态与森林资源变动参量灰色关联度大于0.6的状态参量选出，其中经济系统中选出的参量为$x_{10}$（经济增长率）、$x_6$（农业总产值）、$x_3$（人均固定资产投资）、$x_{11}$（劳动生产率）、$x_1$（人均地区生产总值）和$x_7$（林业总产值），社会系统中选出的参量为$x_{19}$（每万人普通高校在校学生数）、$x_{13}$（人口自然增长率）、$x_{17}$（养老保险人数）、$x_{16}$（基本养老保险基金结余）、$x_{14}$（农业人口占全部人口比例）、$x_{21}$（农林牧渔业技术人员）和$x_{20}$（R&D经费支出占地区生产总值的比例），生态系统中选出的参量为$x_{26}$（森林覆盖率）、$x_{29}$（耕地面积）、$x_{22}$（人均森林面积）、$x_{31}$（森林生态效益）、$x_{25}$（人均消耗能源）、$x_{23}$（工业废气排放）和$x_{28}$（林地利用率），共计20个指标，并进一步按照参量关联度的大小进行重新排序，形成新的评价指标集，见表5-3，以此作为协调发展评价的指标体系，后续研究以新的指标体系为准。

**表 5-2　海南省森林资源变动参量关联度**

| 经济系统 | | 社会系统 | | 生态系统 | |
|---|---|---|---|---|---|
| 状态变量 | 关联度 | 状态变量 | 关联度 | 状态变量 | 关联度 |
| $x_1$ | 0. 6185 | $x_{13}$ | 0. 7201 | $X_{22}$ | 0. 6321 |
| $x_2$ | 0. 5851 | $x_{14}$ | 0. 6340 | $x_{23}$ | 0. 6069 |
| $x_3$ | 0. 6310 | $x_{15}$ | 0. 5909 | $x_{24}$ | 0. 5690 |
| $x_4$ | 0. 5838 | $x_{16}$ | 0. 6699 | $x_{25}$ | 0. 6248 |
| $x_5$ | 0. 5670 | $x_{17}$ | 0. 6712 | $x_{26}$ | 0. 8197 |
| $x_6$ | 0. 6969 | $x_{18}$ | 0. 5845 | $x_{27}$ | 0. 5860 |
| $x_7$ | 0. 6003 | $x_{19}$ | 0. 7922 | $x_{28}$ | 0. 6029 |
| $x_8$ | 0. 5775 | $x_{20}$ | 0. 6011 | $x_{29}$ | 0. 7906 |
| $x_9$ | 0. 5958 | $x_{21}$ | 0. 6045 | $x_{30}$ | 0. 5880 |
| $x_{10}$ | 0. 7368 | | | $x_{31}$ | 0. 6266 |
| $x_{11}$ | 0. 6195 | | | | |
| $x_{12}$ | 0. 5843 | | | | |

**表 5-3　海南森林资源变动系统经济、社会和生态协调评价指标体系**

| 目标层 | 系统层 | 指标层 |
|---|---|---|
| 海南省森林资源变动下经济、社会和生态协调发展评价指标体系 A | 经济系统 $B_1$ | 经济增长率 $X_1$/% |
| | | 农业总产值 $X_2$/亿元 |
| | | 人均固定资产投资 $X_3$/万元 |
| | | 劳动生产率 $X_4$/% |
| | | 人均地区生产总值 $X_5$/万元 |
| | | 林业总产值 $X_6$/亿元 |
| | 社会系统 $B_2$ | 每万人口普通高校在校学生数 $X_7$/% |
| | | 人口自然增长率 $X_8$/% |
| | | 养老保险人数 $X_9$/人 |
| | | 基本养老保险基金结余 $X_{10}$/亿元 |
| | | 农业人口占全部人口比例 $X_{11}$/% |
| | | 农林牧渔业技术人员 $X_{12}$/人 |
| | | R&D 经费支出占地区生产总值比例 $X_{13}$/% |

续表

| 目标层 | 系统层 | 指标层 |
| --- | --- | --- |
| 海南省森林资源变动下经济、社会和生态协调发展评价指标体系 A | 生态系统 $B_3$ | 森林覆盖率 $X_{14}$/% |
| | | 耕地面积 $X_{15}$/公顷 |
| | | 人均森林面积 $X_{16}$/（公顷/人） |
| | | 森林生态效益 $X_{17}$/亿元 |
| | | 人均消耗能源 $X_{18}$/（吨标准煤/人） |
| | | 工业废气排放 $X_{19}$/立方米 |
| | | 林地利用率 $X_{20}$/% |

## 5.3 指标权重的判定

### 5.3.1 权重判定的方法

在确定指标体系建立的基础上，需要通过对指标权重的确定来实现对各部分协调发展状态的评价。各指标的权重非常重要，权重偏差对评价的结果都会产生很大影响，甚至会影响到最终结果。所以，在评价指标赋权上，需要选择科学的方法，并结合实际情况进行对权重的判断。评价指标权重的赋权方法众多，常用的方法有统计平均法、层次分析法、变异系数法、德尔菲法和序关系分析法，整体来看可分为客观赋权法和主观赋权法两大类。客观赋权法是根据评价指标内在的结构和机理进行赋权的方法。主观赋权法又分为“直推型”和“反推型”两种：“直推型”主观赋权法通过对指标的重要程度直接排序来获取权重；“反推型”主观赋权法是对评价对象的优劣进行比较，根据比较信息逆向求得权重。统计平均法是计算各位专家对评价指标的重要性系数求算术平均值，把算术平均值作为指标的权重。变异系数法是利用各项指标包含信息的差异，计算出变异系数，以此来对各指标的权重进行赋权。层次分析法是把评价项目构建成一个有序的层次结构，并在各评价项目之间进行对比，计算出项目的相对重要性系数（即权数）。德尔菲法是利用专家的实际经验，对评价的项目或指标打分，确定权重的方法。序关系分析法，以参量重要程度的顺序为出发点，通过专家评判，最终确定权重。

在现实的评价指标赋权中，由于受到环境和决策者主观意志的影响，通常采用主观赋权法，其中层次分析法是最为常用的方法。该方法在实际运用中也存在许多缺陷，主要表现为：第一，若判断矩阵的不一致性易导致排序关系的错乱；第二，层次分析法建立在两两指标比较基础上，若指标过多，则比较判断就会失去准确性，且计算量过大；第三，判断矩阵的随机一致性比率是确定权重的唯一标准，但这一标准在特殊的情况下会失效。海南森林资源受外界影响变动较大，各状态参量有一定的波动性，且参量与相应系统之间具有稳定的非线性关系。主观赋权法的核心在于能否真实体现出指标之间的序关系，而序关系分析法则能有效地解决这一问题。本章对评价指标权重的确定采用序关系分析法。

## 5.3.2　序关系分析法对指标的赋权

序关系分析法又称为 G1 法，是由郭亚军对特征值法进行改进而提出的一种方法。[129]序关系分析法与层次分析法相比较，不需要构建判断矩阵，无须进行一致性检验，计算量变小且对同一层中的参量没有限制。该方法操作步骤如下。

### 5.3.2.1　确定序关系

假设某决策问题有 $m$ 个指标，分别记为 $x=(x_1, x_2, \cdots, x_m)$。若评价指标 $x_i$ 相对于某评价准则（或目标）的重要程度大于（或不小于）$x_j$ 时，记为 $x_i \geqslant x_j$；若评价指标 $x_1$，$x_2$，…，$x_n$相对于某评价准则（或目标）具有关系式：

$$x_i^* \geqslant x_2^* \geqslant \cdots \geqslant x_n^* \quad (5-9)$$

则称评价指标之间按“≥”确定了序关系。$x_i^*$ 表示 $\{x_i\}$ 按序关系“≥”排定顺序后的第 $i$ 项评价指标（$i=1, 2, \cdots, m$）。为了书写方便以下仍记 $x_i^*$ 为 $x_i$（$i=1, 2, \cdots, m$）。关系式为

$$x_1 \geqslant x_2 \geqslant \cdots \geqslant x_n \quad (5-10)$$

序关系的确定步骤如下：

（1）专家（或决策者）在指标集 $\{x_i\}$ 中，选出认为最重要（关于某评价准则）的一个指标，记为 $x_i^*$；

（2）专家（或决策者）在指标集（$m-1$）个指标中，选出认为最重要（关于某评价准则）的一个指标，记为 $x_2^*$；

⋮

（$k$）专家（或决策者）在指标集（$m-$（$k-1$））中，选出认为最重要（关于某评价准则）的一个指标，记为 $x_k^*$；

⋮

（$m$）经过（$m-1$）次挑选剩下的评价指标记为 $x_m^*$。

#### 5.3.2.2　给出 $x_{k-1}$ 与 $x_k$ 的重要程度的比值判断

设专家关于评价指标 $w_{k-1}$ 与 $w_k$ 的重要程度之比 $w_{k-1}/w_k$ 的理性判断分别为

$$r_k = w_{k-1}/w_k \ (k=m, m-1, m-2, \cdots, 3, 2) \quad (5-11)$$

当 $m$ 较大时，可取 $r_m=1$。$r_k$ 的赋值可参见表 5-4。

**表 5-4　$r_k$ 的赋值参考**

| $r_k$ | 说明 |
|---|---|
| 1.0 | 指标 $x_{k-1}$ 与 $x_k$ 同等重要 |
| 1.2 | 指标 $x_{k-1}$ 与 $x_k$ 稍微重要 |
| 1.4 | 指标 $x_{k-1}$ 与 $x_k$ 明显重要 |
| 1.6 | 指标 $x_{k-1}$ 与 $x_k$ 强烈重要 |
| 1.8 | 指标 $x_{k-1}$ 与 $x_k$ 极端重要 |

关于 $r_k$ 之间的数量约束，必须遵循以下定理：

若 $\{x_i\}$ 具有序关系，则 $r_{k-1}$ 与 $r_k$ 之间必须满足，$r_{k-1}>1/r_k$（$k=m$，$m-1$，$m-2$，…，3，2）

#### 5.3.2.3　权重系数 $w_k$ 的计算

若专家给出 $r_k$ 的理性赋值满足上述定理，则 $w_m$ 计算公式为[131]

$$w_m = \left(1 + \sum_{k=2}^{m} \prod_{i=k}^{m} r_i\right) - 1 \tag{5-12}$$

而

$$w_{k-1} = r_k w_k \quad (k=m,\ m-1,\ m-2,\ \cdots,\ 3,\ 2) \tag{5-13}$$

### 5.3.3　权重的判定

在 5.2 中，以灰色关联分析法对指标进行筛选得出最终指标体系，利用序关系分析法对指标权重进行判定。根据表 5-4 中 $r_k$ 的赋值参考对评价指标以及各系统的重要程度进行赋值排序，通过式（5-5）和式（5-6）可计算出权重。

#### 5.3.3.1　一级指标权重的确定

邀请环境资源管理及经济管理方面的专家对一级指标进行排序，一级指标主要有经济系统 $B_1$、社会系统 $B_2$ 和生态系统 $B_3$，排序的结果为

$x_3 \geqslant x_1 \geqslant x_2 => x_1^* \geqslant x_2^* \geqslant x_3^*$

$r_2 = w_1^* / w_2^* = 1.4$，$r_3 = w_2^* / w_3^* = 1.2$

$r_2^* r_3 = 1.68$，$r_3 = 1.2$

由式（5-12）$w_m = \left(1 + \sum_{k=2}^{m} \prod_{i=k}^{m} r_i\right) - 1$ 可以得出 $w_3^* = (1+2.88)^{-1} = 0.2577$

由式（5-13）$w_{k-1} = r_k w_k$（$k=m$，$m-1$，$m-2$，…，3，2）可以得出

$w_2^* = 0.3092$，$w_1^* = 0.4329$

通过序关系分析法计算，可得指标经济系统 $B_1$、社会系统 $B_2$ 和生态系

统 $B_3$所对应的权重为 0. 3092、0. 2577、0. 4329。

#### 5. 3. 3. 2 二级指标权重的确定

根据对三个一级指标的设计和筛选，可确定二级指标。其中，经济发展系统细化为 6 个二级指标，分别为经济增长率、农业总产值、人均固定资产投资、劳动生产率、人均地区生产总值和林业总产值；社会发展系统细化为 7 个二级指标，分别为每万人普通高校在校学生数、人口自然增长率、养老保险人数、基本养老保险基金结余、农业人口占全部人口比例、农林牧渔业技术人员和 R&D 经费支出占地区生产总值的比重；生态系统细化为 7 个二级指标，分别是森林覆盖率、耕地面积、人均森林面积、森林资源生态效益、人均消耗能源、工业废气排放和林地利用率。经济领域的专家对经济发展系统的各项指标进行排序，排序的结果为

$x_5 \geqslant x_1 \geqslant x_3 \geqslant x_4 \geqslant x_2 \geqslant x_6 => x_1^* \geqslant x_2^* \geqslant x_3^* \geqslant x_4^* \geqslant x_5^* \geqslant x_6^*$

$r_2 = w_1^* / w_2^* = 1.4$，$r_3 = w_2^* / w_3^* = 1.4$，$r_4 = w_3^* / w_4^* = 1.2$，$r_5 = w_4^* / w_5^* = 1.2$，$r_6 = w_5^* / w_6^* = 1.2$

$r_2^* r_3^* r_4^* r_5^* r_6 = 3.3869$，$r_3^* r_4^* r_5^* r_6 = 2.4192$，$r_4^* r_5^* r_6 = 1.728$，$r_5^* r_6 = 1.44$，$r_6 = 1.2$

由公式（5－12）$w_m = \left(1 + \sum_{k=2}^{m} \prod_{i=k}^{m} r_i\right) - 1$ 可以得出 $w_{6*} = (1 + 10.1741)^{-1} = 0.0895$

由式（5-12）$w_{k-1} = r_k w_k$（$k = m$，$m-1$，$m-2 \cdots$，3，2）可以得出

$w_5^* = 0.1074$，$w_4^* = 0.1289$，$w_3^* = 0.1546$，$w_2^* = 0.2165$，$w_1^* = 0.3031$

通过序关系分析法得出经济发展系统二级指标，其子集 $x_1$、$x_2$、$x_3$、$x_4$、$x_5$、$x_6$所对应的指标权重分别为 0. 2165、0. 1074、0. 1546、0. 1289、0. 3031、0. 0895。

同理，按照以上步骤计算一级指标社会发展系统和生态系统的权重。社会发展系统指标权重为：0. 2015、0. 2821、0. 1439、0. 0694、0. 0999、

0. 0833、0. 1199；生态系统的权重值为：0. 3266、0. 0603、0. 1458、0. 1041、0. 0868、0. 0723、0. 2041（见表 5-5）。

**表 5-5　海南森林资源变动下经济、社会和生态协调指标权重**

| 系统层 | 指标 | 序关系 | 重要性程度 | 权重 |
|---|---|---|---|---|
| 经济系统 $B_1$ 0. 3092 | $x_1$ | $x_5$ | 1. 4 | 0. 2165 |
| | $x_2$ | $x_1$ | 1. 4 | 0. 1074 |
| | $x_3$ | $x_3$ | 1. 2 | 0. 1546 |
| | $x_4$ | $x_4$ | 1. 2 | 0. 1289 |
| | $x_5$ | $x_2$ | 1. 2 | 0. 3031 |
| | $x_6$ | $x_6$ | | 0. 0895 |
| 社会系统 $B_2$ 0. 2577 | $x_7$ | $x_8$ | 1. 4 | 0. 2015 |
| | $x_8$ | $x_7$ | 1. 4 | 0. 2821 |
| | $x_9$ | $x_9$ | 1. 2 | 0. 1439 |
| | $x_{10}$ | $x_{13}$ | 1. 2 | 0. 0694 |
| | $x_{11}$ | $x_{11}$ | 1. 2 | 0. 0999 |
| | $x_{12}$ | $x_{12}$ | 1. 2 | 0. 0833 |
| | $x_{13}$ | $x_{10}$ | | 0. 1199 |
| 生态系统 $B_3$ 0. 4329 | $x_{14}$ | $x_{14}$ | 1. 6 | 0. 3266 |
| | $x_{15}$ | $x_{20}$ | 1. 4 | 0. 0603 |
| | $x_{16}$ | $x_{16}$ | 1. 4 | 0. 1458 |
| | $x_{17}$ | $x_{17}$ | 1. 2 | 0. 1041 |
| | $x_{18}$ | $x_{18}$ | 1. 2 | 0. 0868 |
| | $x_{19}$ | $x_{19}$ | 1. 2 | 0. 0723 |
| | $x_{20}$ | $x_{15}$ | | 0. 2041 |

## 5. 4　协调度模型构建及测算

合适的协调度评价模型是正确评价海南森林资源变动下经济、社会和生态间协调状态的关键。森林资源变动下的协调度由经济、社会和生态三个系统相互间的关系共同决定，两两之间的不协调都会影响到系统整体的协调水平，所以在对协调度模型的选择上，一方面要考虑到系统的复杂性，另一方面要考虑到协调度的可操作性。

协调发展评价的模型较多，有协调度模型、因子分析法、生态足迹模型等。协调度模型是通过建立评价指标体系，在测算出经济、社会和生态综合效益的基础上，并进一步估算出经济、社会和生态的协调发展水平，全面反映一定区域范围内经济、社会和生态协调的整体状况。因子分析法通过线性组合的方式分析因子对各变量的影响，来揭示经济、社会和生态之间的关系以及三者之间的协调发展状况。生态足迹模型是在考虑生态承载力前提下，通过对生态盈余及赤字的测算，对比生态足迹供给和需求的平衡状态，从而衡量区域性经济、社会和生态的协调状态。[130]考虑到协调度发展模型能较为全面地衡量区域性经济、社会和生态协调发展状况，在本书中采用协调度评价模型。

## 5.4.1 协调度评价模型构建

经济、社会与生态是三个相互联系的系统，协调度模型能较为有效地衡量系统之间的相互关系以及系统和各要素之间的关系，对于衡量经济与生态、经济与社会和社会与生态之间的协调性具有较为广泛的运用价值。该方法的运用不仅能有效揭示经济、社会和生态之间的协调状况，而且能度量三者间的协调发展水平。协调度模型主要通过以下两个步骤来实现：第一个步骤，建立各系统发展状态的一般函数，测算出各系统发展的综合指数；第二个步骤，借鉴相关学者的研究，构建两两系统之间以及三者之间协调度评价模型。

根据森林资源变动下经济、社会与生态的特征可知，系统的发展表现出非线性状态，各系统也有各自的非线性演化，其基本方程为[131]

$$\frac{\mathrm{d}x(t)}{\mathrm{d}t}=f(x_1, x_2, \cdots, x_i) \quad (i=1, 2, 3, \cdots, n) \tag{5-14}$$

$$f(x)=f(0)+a_1x_1+a_2x_2+\cdots+a_nx_n+\varepsilon(x_1, x_2, \cdots, x_n) \tag{5-15}$$

根据利亚普若夫第一近似定理，可以省略高次项 $\varepsilon(x_1, x_2, \cdots, x_n)$ 以保证系统的稳定性，令 $f(0)=0$，可以得到

$$\frac{\mathrm{d}x(t)}{\mathrm{d}t}=\sum_{i=1}^{m} a_i x_i \quad (i=1, 2, 3, \cdots, n) \tag{5-16}$$

根据这一思想，可以建立各系统发展状态的一般函数：

$$U_j=\sum_{i=1}^{m} a_j(i) x_j(i) \qquad \sum_{i=1}^{m} a_j(i)=1 \tag{5-17}$$

在一般函数建立的基础上，分别对各系统发展状态指数进行测算，首先构建各系统的发展状态指数函数，从而计算出在一定时间期限内经济、社会和生态综合发展指数。分别设 $f(x)$、$g(y)$、$h(z)$ 为经济、社会和生态效益指数，其发展指数函数具体表示为

$$f(x)=\sum_{i=1}^{n} a_i x_i \tag{5-18}$$

$$g(y)=\sum_{j=1}^{n} b_j y_j \tag{5-19}$$

$$h(z)=\sum_{k=1}^{n} c_k z_k \tag{5-20}$$

式（5-18）、式（5-19）和式（5-20）中，$f(x)$、$g(y)$、$h(z)$ 为经济、社会和生态综合发展指数。其中，$x_i$ 为第 $i$ 个经济发展指数（$i=1, 2, 3, \cdots, m$），$y_j$ 表示第 $j$ 个社会发展指数（$j=1, 2, 3, \cdots, m$），$z_k$ 表示第 $k$ 个生态发展指数（$k=1, 2, 3, \cdots, m$），$a_i$、$b_j$、$c_k$ 分别对应的是第 $i$ 个经济发展指数、第 $j$ 个社会发展指数和第 $k$ 个生态发展指数的权数。

在森林资源的变动系统中，经济与社会、经济与生态及社会与生态之间的协调主要表现为社会经济效益提升的同时保证生态的稳定，形成相互间的匹配关系。根据相关学者的研究成果，构建两两系统之间的协调评价模型以及系统之间的总协调评价模型，一般情况用协调度来表示，其计算公式为

$$C_{es}=\left\{\frac{f(x)\,g(y)}{\left[(f(x)+g(y))/2\right]^2}\right\}^k \tag{5-21}$$

式（5-21）用以计算经济与社会间的协调度。同理，可以根据该模型的基本原理来计算经济与生态、社会与生态的协调度。

$$C = \left\{ \frac{f(x)\,g(y)\,h(z)}{\left[ (f(x) + g(y) + h(z))/3 \right]^3} \right\}^k \tag{5-22}$$

式（5-22）中，$C$ 为系统的总协调度，或协调系数；$f(x)$、$g(y)$、$h(z)$ 分别表示经济、社会和生态综合发展指数；$k$ 为调节系数，取值一般大于等于 2。该式表示在一定的环境条件及时间范围内，区域范围内经济、社会和生态之间协调的数量程度。由于在不同阶段，各系统的协调关系也存在差别，对系统整体的协调贡献也不同。因此，要根据实际情况，对三者的重要性程度进行判定，使其结果能科学地反映系统内复杂的线性关系。

## 5.4.2 协调度测算

多指标的综合评价中都涉及两个变量，一是评价指标的实际值，二是各指标的评价值，由于各指标代表的含义不一致，所以存在量纲上的差别。为了消除量纲上的差别，本书采用阈值法对海南经济、社会和生态等相关指标进行无量纲化处理，计算出标准化的指标值。阈值法是用指标的实际值与阈值进行对比以得到评价指标值的方法，具体的公式为 $y_i = x_i / \max(x_i)$。再利用序关系分析法所确定的权重以及标准化处理的数据，通过线性加权法计算出经济、社会和生态综合发展指数。线性加权的公式为

$$f(x) = \sum_{i=1}^{n} c_i x_i \tag{5-23}$$

式（5-23）中，$f(x)$ 为综合评价指标值，$c_i$ 为指标在综合评价中的重要程度即权重，$x_i$ 为无量纲化处理过的标准化指标值。利用表 5-6 中的数据，通过线性加权公式进行计算，得出海南经济、社会和生态水平的综合发展指数。对经济、社会和生态发展指数的计算已经考虑了负向指标，见表 5-7。

**表 5-6　海南热带森林资源变动下经济、社会和生态状态参量原始值**

| 指标值 | 1993 年 | 1998 年 | 2003 年 | 2008 年 | 2009 年 | 2010 年 | 2011 年 | 2012 年 | 2013 年 | 2014 年 | 2015 年 |
|---|---|---|---|---|---|---|---|---|---|---|---|
| $x_1$ | 24.50 | 8.30 | 14.28 | 19.84 | 10.06 | 24.80 | 22.19 | 13.20 | 10.19 | 10.17 | 5.77 |
| $x_2$ | 68.40 | 92.50 | 142.20 | 274.03 | 307.57 | 341.67 | 401.00 | 460.72 | 485.40 | 568.22 | 613.87 |
| $x_3$ | 5016.23 | 3446.27 | 4945.50 | 9604.73 | 13442.94 | 16724.39 | 18830.61 | 24452.36 | 29985.33 | 33641.7 | 36839.91 |
| $x_4$ | 0.77 | 1.34 | 1.98 | 3.68 | 3.90 | 4.70 | 5.49 | 5.90 | 6.11 | 6.45 | 6.66 |
| $x_5$ | 0.67 | 0.83 | 1.24 | 2.07 | 2.28 | 2.68 | 3.07 | 3.33 | 3.53 | 3.89 | 4.08 |
| $x_6$ | 50.17 | 48.41 | 75.42 | 107.33 | 93.92 | 139.35 | 171.27 | 141.71 | 121.22 | 103.89 | 99.23 |
| $x_7$ | 15.00 | 18.00 | 83.00 | 159.00 | 165.00 | 174.00 | 179.00 | 190.00 | 192.00 | 200.00 | 236.00 |
| $x_8$ | 15.55 | 12.92 | 9.31 | 8.99 | 8.96 | 8.98 | 8.97 | 8.85 | 8.69 | 8.61 | 8.57 |
| $x_9$ | 732200 | 807763 | 1167350 | 1561943 | 1680826 | 1808071 | 1998550 | 2141629 | 2314981 | 2423242 | 2498479 |
| $x_{10}$ | 120880 | 133556 | 244322 | 512228 | 680397 | 731717 | 914835 | 978676 | 1024311 | 1670718 | 2021503 |
| $x_{11}$ | 77.80 | 61.21 | 72.75 | 61.25 | 61.32 | 61.65 | 61.86 | 62.05 | 62.17 | 66.51 | 66.43 |
| $x_{12}$ | 2134.00 | 3303.00 | 3143.00 | 3542.00 | 3449.00 | 3174.00 | 2844.00 | 3159.00 | 3689.00 | 3607.00 | 3562.00 |
| $x_{13}$ | 0.13 | 0.18 | 0.15 | 0.24 | 0.35 | 0.34 | 0.41 | 0.48 | 0.48 | 0.48 | 0.46 |
| $x_{14}$ | 31.40 | 39.80 | 49.20 | 58.48 | 59.20 | 60.20 | 60.50 | 61.50 | 61.90 | 61.50 | 62.00 |

续表

| 指标值 | 1993年 | 1998年 | 2003年 | 2008年 | 2009年 | 2010年 | 2011年 | 2012年 | 2013年 | 2014年 | 2015年 |
|---|---|---|---|---|---|---|---|---|---|---|---|
| $x_{15}$ | 431427 | 427852 | 418185 | 438422 | 435538 | 419123 | 425350 | 419498 | 418196 | 424886 | 422835 |
| $x_{16}$ | 0.15 | 0.18 | 0.21 | 0.20 | 0.20 | 0.20 | 0.19 | 0.19 | 0.21 | 0.23 | 0.23 |
| $x_{17}$ | 1965.53 | 2013.12 | 2055.82 | 2106.59 | 2130.67 | 2138.70 | 2154.75 | 2162.78 | 2267.46 | 2326.45 | 2410.13 |
| $x_{18}$ | 27.11 | 53.51 | 56.10 | 98.92 | 112.15 | 135.13 | 148.67 | 173.99 | 188.29 | 213.91 | 235.44 |
| $x_{19}$ | 181.63 | 326.97 | 532.50 | 1345.05 | 1353.20 | 1359.69 | 1675.52 | 1960.35 | 4716.60 | 2638.20 | 2338.70 |
| $x_{20}$ | 61.78 | 79.39 | 85.70 | 84.44 | 84.60 | 85.10 | 84.20 | 86.30 | 87.54 | 88.12 | 88.56 |

**表 5-7　海南经济、社会和生态发展指数表**

| 指数 | 1993 年 | 1998 年 | 2003 年 | 2008 年 | 2009 年 | 2010 年 | 2011 年 | 2012 年 | 2013 年 | 2014 年 | 2015 年 |
| --- | --- | --- | --- | --- | --- | --- | --- | --- | --- | --- | --- |
| 经济发展指数 | 0. 1052 | 0. 0667 | 0. 1116 | 0. 1726 | 0. 1562 | 0. 2240 | 0. 2420 | 0. 2300 | 0. 2324 | 0. 2473 | 0. 2462 |
| 社会发展指数 | 0. 1345 | 0. 1286 | 0. 1333 | 0. 1611 | 0. 1720 | 0. 1743 | 0. 1825 | 0. 1934 | 0. 1992 | 0. 2089 | 0. 2193 |
| 生态发展指数 | 0. 2313 | 0. 2768 | 0. 3062 | 0. 3131 | 0. 3132 | 0. 3114 | 0. 2854 | 0. 2814 | 0. 2772 | 0. 3084 | 0. 3100 |

从图 5-1 可以看出，海南经济、社会和生态的综合发展指数从 1993 年到 2015 年都有不同程度的增加。经济、社会和生态相比较，生态发展水平最高，而经济和社会发展水平较低，其中经济发展水平波动较大，而社会和生态的发展水平较为稳定。具体表现为：①在经济发展方面，其主要特征是发展水平低且不够稳定，经济综合发展指数的走势变化幅度最大，其中 1998 年和 2009 年各出现了一个明显的拐点。其原因是海南是中国最年轻的省份，于 1988 年建省并设立经济特区，经济基础薄弱，虽然经过多年的发展，但经济总量相对于广东等发达的省份和地区还有较大的差距，评价的指标值如农林牧渔总产值、人均地区生产总值、劳动生产率及人均固定资产投资的分值较低，导致经济发展指数偏低，但整体上涨的幅度较大。另外，海南经济发展的波动性受国际金融危机以及国内经济环境等多种因素的影响，特有的经济发展模式和政策也导致这一现象的发生，20 世纪 90 年代中后期的房地产泡沫和 2010 年国际旅游岛国家战略的实施，直接导致海南经济的波动性。②在社会发展方面，从趋势图可以看出，社会综合发展指数表现出较为平稳的上涨，发展趋势总体表现一般，发展速度较为缓慢，与生态发展相比，两者之间的差距较大，社会发展速度较慢主要是受到了经济发展水平的影响。从评价的指标可以看出，农业人口所占

的比重、养老保险人数、农林业技术人员的人数和高等学校在校学生数变化均不明显，这也是导致社会发展指数变化不明显的关键因素。③在生态发展方面，由于海南建省之初是一个以农业为主的地区，第二产业和第三产业发展相对落后，而在生态环境方面表现得较为优异，另外其特殊的气候条件，常年温暖多雨，植被非常丰富，所以生态发展的指标值更高。相对而言，海南经济发展水平要落后于生态发展水平。生态发展指数从 1993 年起开始上涨，2003—2010 年形成了一个发展的平稳期，2010—2013 年出现了下降的趋势，之后又上升。下降的原因是海南实施国际旅游岛建设战略后，流动人口的增加、各类项目的过度开发导致森林资源承载力不足以及环境的恶化。社会与经济发展状态自 1993 年开始就表现出不一致，在 2003 年之前社会发展要高于经济发展，2003—2009 年经济发展与社会发展水平相当，2009 年之后经济发展要高于社会发展水平。生态发展曲线波动很小，发展水平要远远高于经济和社会发展水平，总体呈现上升趋势，变化的幅度较缓。尤其是在 2013 年后，上升的幅度要远高于经济和社会的发展水平，差距逐渐拉大。三个系统的综合发展水平都出现了上升的趋势，生态发展水平要明显高于经济和社会发展水平，这与海南所提出的生态优先及绿色发展战略是分不开的。

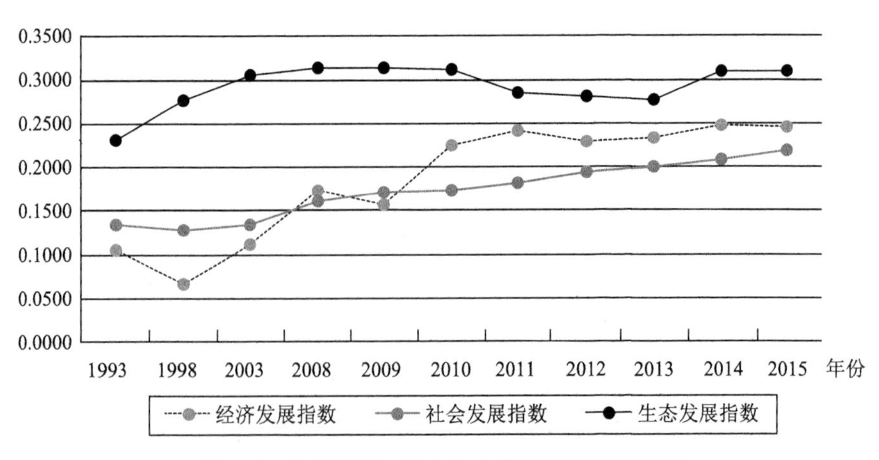


**图 5-1　海南经济、社会和生态发展指数趋势图**

在确定海南经济、社会和生态发展指数的基础上，利用式（5-21）和式（5-22）可计算出各系统之间的协调度和总的协调度，以此来反映在森林资源动态变化下经济、社会和生态之间相互联系和相互作用的特征，可以进一步揭示三者间的耦合关系、协调状态和分异特征。取$k=3$,代入，计算得出协调度值，见表 5-8。

**表 5-8　海南经济、社会和生态系统间协调度和总协调度**

| 年份 | 经济与社会 | 经济与生态 | 社会与生态 | 三者协调度 |
|---|---|---|---|---|
| 1993 | 0.9561 | 0.8739 | 0.8041 | 0.6050 |
| 1998 | 0.7275 | 0.3851 | 0.6503 | 0.2259 |
| 2003 | 0.9767 | 0.9318 | 0.6039 | 0.3969 |
| 2008 | 0.9964 | 0.9894 | 0.7222 | 0.6554 |
| 2009 | 0.9931 | 0.9793 | 0.7671 | 0.6386 |
| 2010 | 0.9541 | 0.8685 | 0.7796 | 0.7745 |
| 2011 | 0.9422 | 0.8365 | 0.8617 | 0.8607 |
| 2012 | 0.9778 | 0.9349 | 0.9005 | 0.8996 |
| 2013 | 0.9824 | 0.9482 | 0.9218 | 0.9212 |
| 2014 | 0.9789 | 0.9381 | 0.8930 | 0.8912 |
| 2015 | 0.9900 | 0.9703 | 0.9144 | 0.9097 |

经济、社会和生态协调状态好坏的判断在很大程度上取决于协调度的范围标准，协调度范围是判断协调度的重要依据。一般情况下，协调度的变化范围在 $[1-n^{1/2}, 1]$，其中 $n$ 为指标的个数。由于 $1-n^{1/2}$ 为负数，表明协调特征非常差，所以在实际运用中，为了便于衡量，把协调度的下限定为 0，则协调度范围在 $[0, 1]$。

协调度取值范围是在 0 到 1 之间，数值越大，说明经济、社会和生态协调度越强，关联性越好；数值越小，说明三者间的协调度越弱，关联性越差。依据经济、社会和生态协调度研究的文献，再结合海南森林资源变动及协调度产生的实际状况，把协调度等级分为五级，分别为严重失调、一般失调、勉强协调、一般协调和优良协调，具体范围如表 5-9 所示。

**表 5-9 海南森林资源效益协调度等级分类表**

| 协调度 | $0<C\leq0.2$ | $0.2<C\leq0.4$ | $0.4<C\leq0.6$ | $0.6<C\leq0.8$ | $0.8<C\leq1$ |
| --- | --- | --- | --- | --- | --- |
| 协调度等级 | 严重失调 | 一般失调 | 勉强协调 | 一般协调 | 优良协调 |

根据协调度的等级分类，结合协调度的计算结果可以得知在森林资源动态变化条件下，1993—2015 年海南经济、社会和生态的协调度总体表现较好，尤其是在国际旅游岛战略实施以后，协调度基本上都达到了优良协调。这是海南调整经济结构、落实相应的产业发展政策、实施国际旅游岛国家战略以及实施绿色发展战略共同作用的结果。

由图 5-2 可以看出经济与社会、经济与生态、社会与生态及三者间的协调度变化趋势，在国际旅游岛战略实施前，协调度波动较大，而在之后协调度表现出稳定增长。具体表现为：

（1）经济与社会的协调度在 1998 年下降到最低点，到 2003 年之后上升，协调度趋于稳定且协调度水平较高，都在 0.9 以上，都是优良协调。1998 年的协调度下降与经济发展指数值的降低直接关联，由经济增长率、人均固定资产投资、农业产值、林业产值和劳动生产率等指标参量偏低所造成，而导致这一现象的主要原因是亚洲金融危机以及海南的泡沫经济。2003 年后协调度水平上升与经济结构的调整、房地产泡沫的消除、大力发展第二三产业和优化产业结构有直接的关联，经济得以恢复并稳定增长，从而缩小了两者的发展差距。

（2）经济与生态的协调度变化趋势同经济与社会的协调度相类似，1998 年较高的生态发展指数和较低的经济发展指数，使生态与经济之间差距更大，协调度为一般失调状态。其他年份都是优良协调，在 2009—2011 年有一定幅度下降，2012 年后又恢复原状，其原因是 1998 年经济发展指数较低，而生态发展指数高，较高的森林覆盖率、林地利用率提高了生态发展指数。

（3）社会与生态的协调度变化表现出与上述两者完全不一样的趋势，先下降后上升，2003年为变化趋势的分界点。2003年之前，社会与生态的协调度水平整体低于经济与社会、经济与生态；2003年之后，随着经济与社会、经济与生态发展趋势一致，社会与生态的协调度水平也缓慢上升，2011年后达到0.8以上，表现为优良协调水平。究其原因是1993年、1998年和2003年社会发展指数偏低，与生态发展指数差距逐渐拉大，导致协调度下降。社会发展指数偏低是由于每万人中普通高校在校学生数、养老保险基金结余以及农林牧渔业技术人员数值偏低所引起的。

（4）1993—2015年，海南省经济、社会和生态的协调度呈现先下降，后上升，再稳定，最后缓慢下降的趋势。其中，1998年、2009年和2013年是三个较明显的拐点，其协调度变化水平以这三个拐点形成一定的波动。除了1998年和2003年为一般失调外，其他时间为一般协调和优良协调，尤其是在2010年国际旅游岛战略实施后，都达到了优良协调。由前面的分析可知，发展指数相对差距的扩大是影响协调度变化的主要因素之一。另外，协调度函数在系统发展水平低状态下更为敏感也是导致协调度变化的另一个主要因素。其中，1998年出现了最低值。由图5-2各系统发展指数趋势图可以看出，社会发展指数和生态发展指数虽然相对稳定，但两者发展的方向不一致，差距有扩大的趋势，再加上经济发展指数出现了明显的下滑，该年度协调度出现了极值。总的协调度与各系统间两两协调度的关联度较大，是基于系统间协调特征的直观反映。

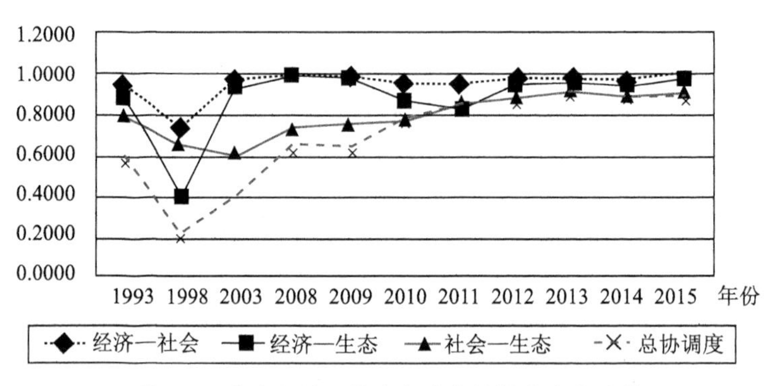


**图 5-2　海南经济、社会与生态协调度变化趋势**

## 5.5　本章小结

本章主要围绕海南森林资源变动下经济、社会和生态的协调度评价和表征进行研究。以森林资源变动为条件，以经济、社会和生态为目标，利用林地结构熵和灰色关联度模型对指标进行筛选，建立了三层20个指标协调度指标体系，采用序关系分析法，对各级评价指标体系的权重进行赋权。对海南经济、社会和生态的原始值进行了无量纲化处理和标准化，测算经济、社会和生态发展的综合指数，并通过协调度模型对海南经济、社会和生态间的协调度进行评估。可以看出，海南经济和社会综合发展水平不高，生态发展水平较高，经济、社会和生态的平均发展指数分别为0.1849、0.1733和0.2922。1993—2015年中，除了1998年，经济与社会、经济与生态和社会与生态间的协调度整体较高。海南经济、社会和生态三者间的总协调度水平偏低，而且波动幅度较大，协调度呈先下降，后上升，再稳定，最后缓慢下降的趋势。

# 第 6 章　海南热带森林资源变动下经济、社会和生态发展度表征

协调与发展之间存在特定的联系，协调是从系统的结构来判断的，发展是从系统的功能来分析的。在森林资源的动态变化中，协调与发展之间总是相互作用且统一的。发展是一个从低级阶段向高级阶段变化的过程，表现为系统的结构不断完善和系统的状态不断提升。这一变化和提升的过程往往用发展度来进行度量。发展度在对某一系统状态进行度量时，在表征上可以用相对量或绝对量来实现，但两者各有优缺。利用绝对量对系统进行发展度表征时，计算的方法较为简单，可直接利用协调度中间值来表示，可以在一定程度上反映系统总体的演化趋势，体现森林资源变动时系统发展“量”的变化，本身的实际意义并不明显。相对量是利用实际发展状态相对于理想发展状态的程度来反映系统的发展水平的，这种对比的方式能更好地揭示两者之间的差距，增加可比性，体现发展的状态。因此，对系统发展度的度量和表征，本章以相对量进行表示。

## 6.1　基本思路

鉴于以上分析可知，协调发展度的表征是以协调为基础、发展为核心进行的一种度量。在森林资源动态变化过程中，系统的发展度反映实际发展状态相对于理想发展状态的程度。如何对发展度进行判定，其关键在于

如何确定理想发展状态，即对理想发展水平值的计算和度量。通过第 4 章对森林资源变动系统的内在协调机理的分析可以得知，系统是一个多层次、多结构的复杂体，涉及经济、社会和生态多个方面，具有很大的不确定性，其发展受到自组织和他组织因素的共同影响。较为全面地分析自组织和他组织因素，以及内在的结构状态有一定的难度，为了简化分析过程，其系统的发展主要考虑他组织因素。森林资源的合理利用及开发是其动态系统发展的关键，也能够有效引导土地、资本、技术和劳动力等各种要素的有序流动和配置，使整个系统达到理想状态。

森林资源系统是复杂度较高、不确定性较强的变动系统，受到自然因素和社会因素的共同影响，与经济和社会发展系统之间关系复杂。而在此条件下，不确定性的因素较多，所能获取的信息有限，采用常规的分析方法对森林资源变动与经济社会协调关系做出准确的判断是难以实现的。因此，我们采用不确定性的分析方法，该方法能实现在有限的信息条件下对系统的发展状态进行准确的判断。其基本思路是，首先，建立森林资源变动与指标参量理想值之间的关系，以热带森林资源的变化状况或变化量为输入子集；以协调度指标体系所形成的子集为输出子集，借用 DEA 方法，对指标参量的理想值进行测算。其次，利用不确定性分析法中的集对分析，对各个指标的联系度进行计算，在确定联系度的基础上，利用发展度模型计算各系统的发展度。最后，建立坐标轴，以横轴为协调度，纵轴为发展度，构建四边形，其面积为协调发展度，根据这一思想对海南森林资源变动下的协调发展度进行计算。

## 6.2 指标理想值的确定

按照 6.1 节中对协调发展度的理论界定以及测算的基本思路可知，协调发展度是协调和发展的综合表现。发展度的度量可以用绝对值和相对值来度量，根据上述分析，在本章的研究中，以相对量来表现发展度，而相对量的度量需要指标的实际值和理想值，因此，理想值的确定对于发展度的度量具有关键作用。理想值的确定为发展度的测算和评价提供了一个基本的标准。

理想值是协调发展所要达到的目标，也是评价指标参考的基本标准，对于度量森林资源变动下经济、社会和生态的发展状态非常重要。指标理想值确定的常用方法包括目标值法、平均值法、经验借鉴法和DEA法等。目标值法是依据国家或地区经济社会发展规划以及行业的标准和政策来确定指标参考标准。平均值法是以现有指标的平均值为参考标准。经验借鉴法是参照国内外对行业评价先进水平的标准来确定指标的理想值。这些方法在实际操作中因为参考标准的差异，使理想值受人为因素的影响较大。理想值的确定在土地管理领域运用较为普遍。何芳等（2013）利用数据包络分析中的$C^2R$模型对上海市19个开发区土地利用集约指标理想值进行了判定。[132]孙东升（2014）把目标值法、统一理想值法和修正法进行结合，对大连6个国家级开发区土地集约利用评价指标的理想值进行了确定。[133]在对土地集约利用理想值确定的文献中，大多以目标值法为主，综合其他方法的研究较多。在其他领域对指标理想值的研究较少，而本书是把海南热带森林变动系统作为一个输入和输出系统来进行研究的。

## 6.2.1　指标理想值求取模型构建

指标理想值的确定需要两类指标构成：一是输入指标，这类指标不仅可以用投入的基本要素来表示，也可以反映资源的利用状况；二是输出指标，表现为由于受输入要素所产生的效益指标。本章输入系统为森林资源变动系统，以森林资源的增加量为基本输入，输出系统为经济、社会和生态系统，以其变动量经济、社会和生态为基本输出，输入和输出系统之间相互作用且相互影响。

数据包络分析方法（DEA）是1978年著名的运筹学家A. Charnes、

W. W. Cooper 和 E. Rhodes 提出的，该方法是根据多项投入指标与多项输出指标，利用线性规划方法对有可比性的同类型单位进行评价的一种数量分析方法。第一个模型是 CCR 模型，用来研究多个输入和多个输出的“生产部门”，同时具有规模和技术效率统一的理想方法。$C^2R$ 模型是在 CCR 模型的基础上演变而来的，是从非线性规划转化成一个线性规划问题。利用 DEA 的 $C^2R$ 模型对输入和输出系统建立有效生产前沿面并进行投影分析，指标的理想值是将实际值调整为评价的指标所要达到的标准。

投影分析的输出指标松弛变量 $s^+$ 表示“亏量”输出，用其调整输出指标的现状值，即可得到两个系统相对协调时的指标调整值。以森林资源变动系统为输入系统，以经济社会的产出为输出系统，得到的输出指标投影分析调整值即为经济社会产出的理想值，反之为森林变动系统指标的理想值。

设有 $n$ 个决策单元 $U_i$，$i=1$，2，…，$n$。每个决策单元有 $m$ 种输入和 $s$ 种输出，U$i$ 的输入向量为 $x_i=(x_{1i},x_{2i},\cdots,x_{mi})^T$，输出向量为 $y_i=(y_{1i},y_{2i},\cdots,y_{si})^T$（$1\leqslant i\leqslant n$）。DEA 的 $C^2R$ 模型以输出综合和输入综合之比的大小来衡量决策单元 $U$ 的有效性，式（6-1）、式（6-2）和式（6-3）为 $C^2R$ 的对偶形式，用以判断决策单元的有效性。

$$\min(\theta-\varepsilon(e^Ts^-+e^Ts^+)) \quad (6-1)$$

$$\text{s. t.}\ \sum_{j=1}^{n}\lambda_jx_j+s^-=\theta x_0 \quad (6-2)$$

$$\sum_{j=1}^{n}\lambda_jy_j-s^+=y_0 \quad (6-3)$$

$$\lambda_j\geqslant 0\quad j=1,2,\cdots,n\quad s^-\geqslant 0\quad s^+\geqslant 0$$

$\theta$ 即被考察决策单位的效率值，满足 $0\leqslant\theta\leqslant 1$，效率值越接近 1 说明指标理想值的效果越好。$s^-$ 是 $m$ 项输入的松弛变量，$s^+$ 为 $s$ 项输出的松弛变量，用于无效 $U$ 沿水平或垂直方向延伸达到生产前沿面，即投影分析。将无效的 $U$ 在生产前沿面上进行“投影”，测算它与相应的 DEA 有效“差距”，通过调整输入和输出，将其改为有效决策单元。调整式为

$$X_0^* = \theta X_0 - S^- \quad (6\text{-}4)$$

$$Y_0^* = Y_0 + S^+ \quad (6\text{-}5)$$

以森林资源变动系统为输入系统，以经济、社会和生态的产出为输出系统，对两者进行互换，运用 $C^2R$ 模型求出决策单元输出指标投影分析调整值，即为输出指标的理想值。

## 6.2.2　理想值确定

依据 6.2.1 的分析，把协调系统作为一个输入输出系统，以森林资源变动数据（新增造林面积）为输入量，形成输入系统，把经济、社会和生态作为输出量，形成输出系统。选择 DEA 法中的 $C^2R$ 模型，采用 Deap 2.1 软件对 1993—2015 年海南森林资源变动下经济、社会和生态进行求解，确定各期指标理想值，见表 6-1。

表 6-1　各指标参量理想值

| 指标<br>理想值 | 1993 年 | 1998 年 | 2003 年 | 2008 年 | 2009 年 | 2010 年 | 2011 年 | 2012 年 | 2013 年 | 2014 年 | 2015 年 |
|---|---|---|---|---|---|---|---|---|---|---|---|
| $x_1$ | 24. 5 | 10. 2 | 14. 3 | 19. 8 | 10. 2 | 24. 8 | 22. 2 | 16. 9 | 13. 0 | 10. 2 | 5. 8 |
| $x_2$ | 940. 4 | 1252. 2 | 1187. 6 | 1100. 3 | 1252. 2 | 924. 4 | 1063. 4 | 1146. 2 | 1207. 7 | 1252. 2 | 1323. 9 |
| $x_3$ | 16966. 5 | 33641. 7 | 28577. 3 | 21726. 3 | 33641. 7 | 16724. 4 | 18830. 6 | 25328. 0 | 29985. 3 | 33641. 7 | 36839. 9 |
| $x_4$ | 4. 8 | 6. 5 | 6. 1 | 5. 7 | 6. 5 | 4. 7 | 5. 5 | 5. 9 | 6. 2 | 6. 5 | 6. 7 |
| $x_5$ | 2. 7 | 3. 9 | 3. 6 | 3. 2 | 3. 9 | 2. 7 | 3. 1 | 3. 4 | 3. 7 | 3. 9 | 4. 1 |
| $x_6$ | 143. 0 | 103. 9 | 126. 9 | 158. 1 | 103. 9 | 139. 3 | 171. 3 | 141. 7 | 121. 2 | 103. 9 | 99. 2 |
| $x_7$ | 15. 0 | 18. 0 | 83. 0 | 184. 0 | 185. 2 | 184. 4 | 184. 8 | 190. 0 | 192. 0 | 200. 0 | 236. 0 |
| $x_8$ | 15. 6 | 12. 9 | 9. 3 | 9. 0 | 9. 0 | 9. 0 | 9. 0 | 8. 9 | 8. 7 | 8. 6 | 8. 6 |
| $x_9$ | 732200. 0 | 807763. 0 | 1167350. 0 | 2280810. 0 | 2292055. 0 | 2284558. 0 | 2288306. 0 | 2141629. 0 | 2314981. 0 | 2423242. 0 | 2498479. 0 |
| $x_{10}$ | 120879. 7 | 133555. 9 | 244321. 6 | 1535191. 0 | 1545890. 0 | 1538757. 0 | 1542324. 0 | 978676. 1 | 1024311. 0 | 1670718. 0 | 2021503. 0 |
| $x_{11}$ | 77. 8 | 61. 2 | 72. 7 | 66. 0 | 66. 1 | 66. 1 | 66. 1 | 62. 1 | 62. 2 | 66. 5 | 66. 4 |
| $x_{12}$ | 2134. 0 | 3303. 0 | 3143. 0 | 3580. 2 | 3582. 3 | 3580. 9 | 3581. 6 | 3159. 0 | 3689. 0 | 3607. 0 | 3562. 0 |
| $x_{13}$ | 0. 1 | 0. 2 | 0. 2 | 0. 5 | 0. 5 | 0. 5 | 0. 5 | 0. 5 | 0. 5 | 0. 5 | 0. 5 |
| $x_{14}$ | 60. 0 | 60. 8 | 61. 5 | 58. 5 | 59. 2 | 61. 5 | 61. 4 | 61. 5 | 61. 9 | 61. 5 | 62. 0 |
| $x_{15}$ | 431427. 0 | 427852. 0 | 424886. 0 | 438422. 0 | 435538. 0 | 424886. 0 | 425350. 0 | 424886. 0 | 418196. 0 | 424886. 0 | 422835. 0 |
| $x_{16}$ | 0. 2 | 0. 2 | 0. 2 | 0. 2 | 0. 2 | 0. 2 | 0. 2 | 0. 2 | 0. 2 | 0. 2 | 0. 2 |
| $x_{17}$ | 2220. 2 | 2278. 3 | 2326. 5 | 2106. 6 | 2153. 4 | 2326. 5 | 2318. 9 | 2326. 5 | 2267. 5 | 2326. 5 | 2410. 1 |
| $x_{18}$ | 158. 3 | 188. 7 | 213. 9 | 98. 9 | 123. 4 | 213. 9 | 210. 0 | 213. 9 | 188. 3 | 213. 9 | 235. 4 |
| $x_{19}$ | 2013. 3 | 2354. 8 | 2638. 2 | 1345. 1 | 1620. 6 | 2638. 2 | 2593. 9 | 2638. 2 | 4716. 6 | 2638. 2 | 2338. 7 |
| $x_{20}$ | 86. 3 | 87. 3 | 88. 1 | 84. 4 | 85. 2 | 88. 1 | 88. 0 | 88. 1 | 87. 5 | 88. 1 | 88. 6 |

## 6.3 不确定性分析与发展度测算

森林资源变动系统的发展度是实际发展状况与理想发展状况之间的相似程度。相似程度决定了其发展度，相似程度越高表明发展状态越理想。在本书的研究中，对经济、社会和生态实际状况与理想状况的对比衡量是以第 5 章中所设计的指标为基础的。由于森林变动系统具有复杂性和不确定性，在研究中不可能获得所有的有效信息，只能依赖系统中较为显著的特征来对其相似度进行分析。系统的参量之间、发展状态的衡量、相似度的度量等都是复杂的，所以对实际状态与理想状态分析对比的过程具有较大的不确定性。为了能够在森林变动状况下，对经济、社会和生态的发展度以及整个系统的发展度进行更精确的计算，通常采用不确定性分析法。

### 6.3.1 不确定性分析法选择

目前，不确定性分析法主要有模糊系统理论、灰色系统理论、随机过程等方法，不同方法的运用主要取决于信息的特征。而在一定的系统中，信息的特征表现是复杂的，难以用某一种方法处理所有的信息，这需要一种综合的方法对同时存在的不确定性信息进行分析。集对分析法可以对这一类问题提供解决的思路，它与综合处理不确定信息论思路是一致的。相对于上述其他方法，如模糊系统分析法、灰色关联分析法等不确定性方法，集对分析法具有更高的分辨率和可靠性。因此，本书选择集对分析法对森林资源变动系统发展的实际值与理想值进行度量，并进一步计算发展度。

集对分析法是赵克勤于 2000 年提出的不确定关系分析方法。集对可以理解为具有一定联系的两个集合所组成的对子，如集合 A 和集合 B，集对则是 H=（A，B）。集对分析法的思路是，针对一个问题，对集合对子的特征展开分析，建立起两个集合在一定背景下的联系度 $\mu$，其中 $\mu$ 是集对分析的基础。[134-135] 公式如下：

$$\mu = \frac{S}{N} + \frac{F}{N}i + \frac{P}{N}j \tag{6-6}$$

$$N = S + F + P \tag{6-7}$$

式（6-6）和式（6-7）中，$N$ 为集对特征总数，$S$ 为集对中两个集合共同的特征数，$P$ 为集对中两个集合相互对立的特征数，$F$ 为集对中其他的特征数。若不考虑特征的权重，$\frac{S}{N}$、$\frac{F}{N}$、$\frac{P}{N}$ 分别为所论集合在特定问题下的同一度、差异度和对立度；$i$ 则是差异度系数，取值范围是［-1，1］；$j$ 为对立度系数，取值仅为-1。在特定的情况下，差异度可以转化为同一度和对立度。在实际的集对分析中，若针对的问题没有对立性分析，那就只考虑同一度和差异度。根据实际状况，对差异度系数 $i$ 值进行合理设计，并以此计算出 $\mu$ 值，此时 $\mu$ 值称为联系数，其值的含义与相关系数类似。联系数的大小与两个集合关系非常密切，其值越大，A、B 趋向于相同的关系越好；反之，A、B 趋向于相反的关系越好。联系度和联系数的计算可分为直接方法和间接方法。一般采取直接性方法，通过确定合理的系数 $i$ 和 $j$，并代入式（6-6）获得联系数 $\mu$。

根据集对分析法的思想以及本书的研究对象，确定森林资源变动系统的发展度模型，具体模型如下：

设森林资源变动系统理想状态下的指标集为

$X' = \{x_i'(1), x_i'(2), \cdots, x_i'(k)\} \quad (i=1, 2, \cdots, n; k=1, 2, \cdots, m)$

实际状态下的集合 $X$ 与理想状态下的集合 $X'$ 中的对应指标组成集对。设 $0 < x_i' \leq x_i$，根据倒数型对立原则，其对立区间为［$1/x_i'$，$x_i'$］，联系度模型为

$$\mu = \frac{x_i}{x_i'} + \left[\frac{x_i x_i'}{(x_i'^2 - 1)} - \frac{x_i}{x_i'}\right] i + \left[1 - \frac{x_i x_i'}{(x_i'^2 - 1)}\right] j \tag{6-8}$$

式（6-8）中，$x_i'$、$x_i \neq 0$。$\mu$ 为指标联系度，一般 $j$ 取-1，$i$ 取 0.5 即能够计算出集对之间的联系数。在集对联系数确定的基础上，利用系统发

展度模型计算发展度，公式如下：

$$D' = \sum W_i \sum \mu_i w_i(k) \tag{6-9}$$

$$D = \frac{D' - \min D'}{\max D' - \min D'} \tag{6-10}$$

式（6-9）和式（6-10）中，$D$ 为森林资源变动下系统发展度，$W_i$ 为子系统，$w_i$ 为子系统中各指标权重，$\mu$ 为联系度，$k$ 为指标的数量。

## 6.3.2　发展度测算

根据参量理想值的确定，结合联系度模型即式（6-8），并利用协调发展中经济、社会和生态的参量指标实际值，对联系度进行计算，得出各期的联系数，再利用所得到的联系数，结合发展度模型即式（6-9）、式（6-10），确定对各期的发展度。由于个别指标对发展产生负向作用，在计算发展度时已予考虑。系统参量实际值与理想值之间有一定的变动区间，依据理想值的计算结果，可以得出变动区间为（-0.95，1.24），利用极值标准化法对发展度进行调整变动到（0，1）的范围内，得到协调系统各期的发展度。其结果详见表 6-2。

从表 6-2 可以看出，海南在 1993—2015 年森林资源变动的条件下，系统发展度基本处于中等水平。其中，1993—2009 年，发展度都低于 0.5，属于中等偏低水平；2009—2015 年发展度高于 0.5，2013 年后都高于 0.6，2014 年达到此期间的最高值 0.6812，比 1993 年的 0.4338 高出 0.2474。由此可见，在这 20 多年的经济社会发展过程中，海南取得了较为显著的成绩，尤其是随着国际旅游岛战略的实施，无论是经济社会建设还是森林生态环境保护都取得了较好的效果。虽然 2009 年发展度相对于 2008 年呈现一定程度的下降，但整体趋势是不断上升的。

表 6-2　海南森林资源变动下系统发展度

| 年份 | $D$ | 标准化 $D$ |
|---|---|---|
| 1993 | 0.0000 | 0.4338 |
| 1998 | 0.0559 | 0.4593 |
| 2003 | 0.0611 | 0.4617 |
| 2008 | 0.1024 | 0.4805 |
| 2009 | 0.0709 | 0.4662 |
| 2010 | 0.3197 | 0.5798 |
| 2011 | 0.3426 | 0.5902 |
| 2012 | 0.3455 | 0.5916 |
| 2013 | 0.4319 | 0.6310 |
| 2014 | 0.5418 | 0.6812 |
| 2015 | 0.5417 | 0.6811 |

## 6.4　协调发展度确定

### 6.4.1　协调发展的判定

海南森林资源变动下经济、社会和生态的协调发展是各个系统协调发展的综合反映。协调度体现的是系统内各要素的结构或各系统的关系特征，发展度则体现的是系统功能的变化特征。在已知系统的协调度和发展度的基础上，对协调发展度的计算一般采用平均值法对二者进行综合，这种方法既简单，也能模糊二者的差别。从实际的情况来看，协调度和发展度并非总是一致的，系统较高的协调度也可能对应较低的发展度，反之也可能出现较低的协调度对应较高的发展度。理想的协调发展状态是较高的协调度对应较高的发展度，形成较为均衡的协调发展度。本书用平面坐标表示协调度、发展度及协调发展度之间的差异，见图 6-1。

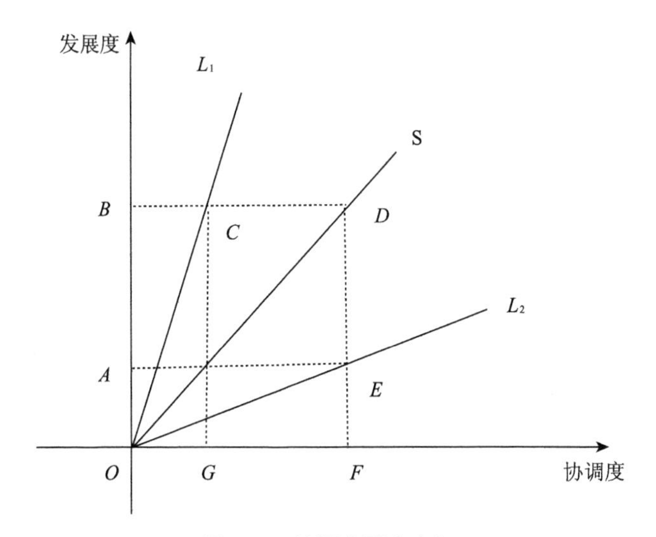


**图 6-1　协调发展度坐标**

图 6-1 中，横坐标为协调度，箭头的指向表明协调度越来越高；纵坐标为发展度，箭头的指向表明发展度越来越高。图中的 $S$、$L_1$ 和 $L_2$ 分别表示协调发展的状态，$S$ 表示均衡协调发展状态，$L_1$ 表示发展度高的协调发展状态，$L_2$ 表示协调度低的协调发展状态，后面两种都表现为非均衡协调发展。可以用 $S$、$L_1$ 和 $L_2$ 线上的 $D$、$C$ 和 $E$ 点与 $X$、$Y$ 轴围成四边形，从中可以看出，协调度和发展度越高其面积越大，协调度和发展度任何一方的缩减都会导致面积的缩小。按照以上的分析，对于森林资源变动下海南经济、社会和生态的协调发展在三者协调的同时要考虑各系统的发展程度。协调与发展的均衡性是系统协调发展的关键，也是经济社会追求的最终目标。这就需要在要素的投入和政策的制定执行上保持均衡。

## 6.4.2　协调发展度的计算及其评价

协调发展度，也称协调发展系数，是度量森林资源变动中经济发展、社会发展和生态发展三者在动态变化中的协调关系，是衡量协调发展水平的定量指标。协调发展度一方面能反映经济、社会和生态间的协调水平，另一方面又能体现三者的动态组合产生的整体协同效应。依据 6. 4. 1 的分析结果，可以以协调度为横坐标，发展度为纵坐标，以坐标点围成的面积为协调发展度，利用 1993—2015 年海南森林资源变动下经济、社会和生态的协调度和发展度的值相乘得出协调发展度，协调发展度的值见表 6-3。

**表 6-3　海南森林资源变动下协调度、发展度及协调发展度**

| 年份 | 协调度 | 发展度 | 协调发展度 |
| --- | --- | --- | --- |
| 1993 | 0. 6050 | 0. 4338 | 0. 2624 |
| 1998 | 0. 2259 | 0. 4593 | 0. 1038 |
| 2003 | 0. 3969 | 0. 4617 | 0. 1832 |
| 2008 | 0. 6554 | 0. 4805 | 0. 3149 |
| 2009 | 0. 6386 | 0. 4662 | 0. 2977 |
| 2010 | 0. 7745 | 0. 5798 | 0. 4491 |
| 2011 | 0. 8607 | 0. 5902 | 0. 5080 |
| 2012 | 0. 8996 | 0. 5916 | 0. 5322 |
| 2013 | 0. 9212 | 0. 6310 | 0. 5813 |
| 2014 | 0. 8912 | 0. 6812 | 0. 6071 |
| 2015 | 0. 9097 | 0. 6811 | 0. 6196 |

协调度仅仅是从一个截面来反映经济、社会和生态之间的关系，是一个同步性的问题表现，往往突出一个时点的配合程度和状态。对于一个区域而言，经济、社会和生态是一个动态的范畴，所以在对协调度的评价方面，不仅要对时点的配合度进行分析，而且要对协调的动态性进行研究，即对经济、社会和生态间协调的发展度进行分析和研究。协调发展度是衡量三者协调发展态势的指标。

依据经济、社会和生态协调发展度研究，结合海南经济社会和环境的实际情况，森林资源变动下经济、社会和生态协调发展度的取值范围在 0 到 1 之间，当数值越接近 1 时，说明海南森林资源的经济、社会和生态效益协调发展越好；当数值越接近 0 时，说明海南森林资源的经济、社会和生态效益协调发展越差，关联性越差。遵循这一原则，把海南森林资源的经济、社会和生态效益协调发展度等级标准分为五个等级，即严重失调衰退、一般失调衰退、勉强协调发展、一般协调发展和优良协调发展，具体等级划分如表 6-4 所示。

**表 6-4　海南森林资源效益协调发展度等级表**

| 协调发展度 | $0<C\leqslant 0.2$ | $0.2<C\leqslant 0.4$ | $0.4<C\leqslant 0.6$ | $0.6<C\leqslant 0.8$ | $0.8<C\leqslant 1$ |
|---|---|---|---|---|---|
| 协调发展度等级含义 | 严重失调衰退 | 一般失调衰退 | 勉强协调发展 | 一般协调发展 | 优良协调发展 |

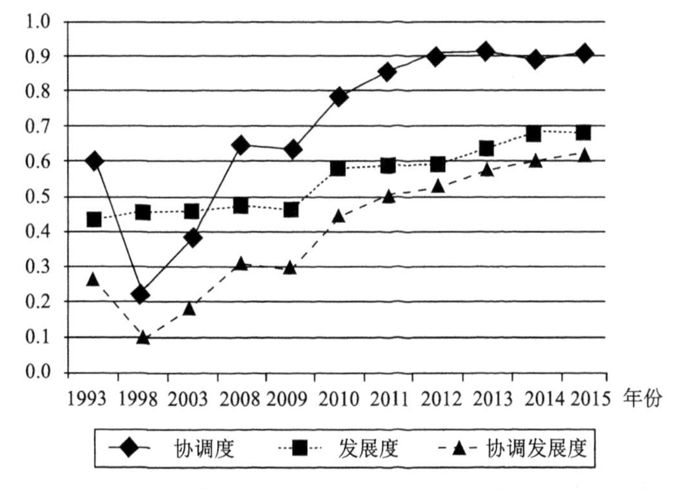


**图 6-2　海南森林资源变动下经济、社会和生态协调发展度趋势图**

结合海南森林资源经济、社会和生态协调发展度等级表和趋势图，对照协调发展度的等级分类，可以得出以下结论：

（1）从发展度的变化趋势来看，1993—2015 年发展度呈现缓慢上升的趋势，除了 1998 年和 2003 年发展度高于协调度，其他时间发展度低于协调度，而且两者的差距较大。2010 年是发展度变化的一个分水岭，相对于 2009 年，发展度水平明显上升，表明理想值与现实值之间的差距很小，国际旅游岛战略的实施取得了较好的效果。从发展度的变化来看，2010 年之后海南经济、社会和生态基本处于稳定发展的状态。

（2）由表6-3可以看出，1993—2009年，协调发展度都低于0.4，其中1998年和2003年低于0.2，为严重失调衰退状态；1993年、2008年和2009年在［0.2，0.4］的区间范围内，呈现一般失调衰退状态；2010—2015年大于0.4，其中2010—2013年，协调发展度在［0.4，0.6］这一区间，呈现为勉强协调发展状态：2014年和2015年在［0.6，0.8］之间，呈现为一般协调发展状态。由此可见，海南经济、社会和生态之间协调发展水平整体较低，发展度的偏低拉低了协调发展水平。

（3）从协调度和发展度的变化趋势可以看出，海南经济、社会和生态协调与发展水平之间存在一定的差距，协调度水平要高于发展度水平。由第5章的分析可知，协调度的高低主要取决于各系统发展指数之间的差距，差距越小协调度越大。各系统之间差距较小是协调度水平较高的主要原因，而发展度水平偏低是因为现实值与理想值之间偏离度较大，这说明在海南的经济社会发展过程中，发展水平没有达到理想状态，森林资源变动对经济、社会和生态理想值的测算结果与现实值的偏离度较大。

## 6.4.3 协调发展度的结果分析

从以上对协调发展度的计算结果可以看出，在森林资源变动下，海南森林资源协调发展度整体效果较好，从1993年到2015年，海南经济、社会和生态发展都取得了较好的成效，虽然期间出现了一些波动，但无论是协调度还是发展度都表现为不断上升的趋势。究其原因，还需要对结果进一步分析。

### 6.4.3.1 海南经济、社会和生态发展时间演变特征分析

由第5章中表5-7和图5-1指数发展图表可以看出，随着海南经济社会的进一步发展，经济发展指数、社会发展指数和生态发展指数都呈现上升的趋势，但在各个时间段也存在差别，导致协调度和协调发展度也出现了阶段性的变化。

首先，从经济发展指数来看，经济发展分为三个阶段。第一阶段是 1993—1998 年，这个阶段经济发展呈现下降的趋势，主要原因是受 20 世纪 90 年代海南房地产泡沫的影响。1992 年，房地产投资达到 87 亿元，占海南固定资产投资的 50%，过度投资开发致使海南房地产泡沫形成，从 1994 年开始，房地产泡沫破裂，过度依赖房地产的海南经济一路下滑。第二阶段是 1999—2008 年，海南经济结构进行调整后，从相对单一的地产经济向旅游经济、服务经济以及工业经济转变，经济增长率不断提升。第三阶段是 2009—2015 年，国际旅游岛建设国家战略开始实施，海南经济结构和产业结构不断优化，定位了十二大产业发展方向，经济稳定增长，发展水平不断提高。

其次，从社会发展指数来看，1993—2015 年，发展指数缓慢提升，社会发展没有较明显的阶段划分。与经济发展相比，其变动规律不太明显，主要原因是发展指数的计算与所选择的指标以及权重有直接关系，其中每万人口普通高校在校学生数、人口自然增长率和养老保险三个指标的总权重达到了 0. 626，且三个指标自 1993—2015 年都表现出缓慢且稳定的增长，从而也导致社会发展指数出现这一变化趋势。另外，海南人口基数较小，人员就业结构变化不大，也是影响社会发展指数的另一个原因。

最后，从生态发展指数来看，生态发展分为三阶段：第一阶段是 1993—2009 年。其中 1993—2003 年，生态发展较快，生态发展指数明显上升，主要原因是建省后海南关于森林资源以及生态保护政策的落实以及 1999 年海南生态示范省建设的实施；2004—2009 年，生态发展指数较为平稳，没有出现增长。第二阶段是 2010—2013 年，随着国际旅游岛战略的实施，以及房地产和旅游等项目的建设，海防林、天然林等森林资源遭受了破坏。另外，旅游引发的人口迅速增加使人均森林资源减少，从而导致生态发展指数不断下滑。第三阶段是 2014—2015 年，过度开发导致的生态环境问题引起了省政府的重视，省政府采取了相应的措施，使生态逐渐恢复，生态发展指数也逐渐上升。

#### 6.4.3.2 协调度的时间演化及特征分析

由第5章中表5-8和图5-2可以看出，经济与社会、经济与生态协调度出现了相类似的变化轨迹，可以分为以下几个阶段：第一阶段是1993—1998年，经济与社会、经济与生态协调度明显下降，海南经济下滑是直接原因，其特征是下降速度非常快；第二阶段是1999—2003年，经济与社会、经济与生态协调度快速上升，受海南经济恢复的影响，社会和生态发展也较为稳定；第三阶段是2004—2009年，经济与社会、经济与生态协调发展水平较为稳定；第四阶段是2010—2011年，经济与社会、经济与生态的协调发展水平都出现了下降，国际旅游岛建设、房地产开发、旅游项目建设以及外来人口的增加，导致海南承载能力不足，出现了一定的下滑；第五阶段是2012—2015年，协调度缓慢上升并渐趋稳定。

社会与生态协调度有着不同的演化趋势，分为两个阶段：第一阶段是1993—2003年，海南建省后社会发展与生态发展水平差距较大，导致协调度下降，两者之间的失衡较严重；第二阶段是2004—2015年，协调度缓慢上升并趋于稳定，差距进一步缩小，社会发展与生态发展水平都有较大幅度提升。

经济、社会和生态总协调度呈现为两个阶段的变化趋势：第一阶段是1993—1998年，协调度特征是明显下降，其原因是海南经济水平的下滑，致使经济与社会发展、生态发展脱节；第二阶段是1999—2015年，其特征是协调度上升并稳定，其中，1999—2008年上升幅度较大，2011年后趋于稳定。

#### 6.4.3.3 协调发展度时间演化及特征分析

结合海南经济、社会和生态的综合发展水平以及协调发展度的测算结果，依据图6-2以及协调发展等级表，可以把协调发展分为以下几个阶段。第一阶段，一般失调衰退阶段（1993—2009年），在此期间，各年份的协调发展度差距较大，其主要原因是经济发展指数水平低，与社会发展、生态发展指数偏离较大；第二阶段，勉强协调发展阶段（2010—2013年），经济发展、社会发展和生态发展指数间的差距逐渐缩小，协调发展度明显提高，但较低的社会发展指数对协调发展产生了很大影响，导致了勉强协调发展阶段的形成；第三阶段，一般协调发展阶段（2014—2015年），发展指数差距越来越小，协调发展度不断上升，生态发展指数高于经济发展和社会发展指数，主要得益于海南优良的生态环境以及较快的生态恢复能力。从对协调发展阶段的分析可以看出，海南经济、社会和生态协调发展是不断递进上升的，从一般失调到勉强协调再到一般协调，随着政策目标的调整和干预措施的采取，取得了一定的效果。但从目前海南经济、社会和生态的发展水平来看，水平依旧较低，因而拉低了协调发展度水平。这说明海南无论是经济总量、产业发展水平、固定资产投资、教育技术、养老医疗还是生态发展与一些发达地区依然有很大的差距。从区域来分析，根据海南各市县经济、社会和生态发展水平可以看出，北部以省会海口为中心，经济发展水平较高，社会发展水平较高，生态发展水平较低；南部以三亚为中心，经济发展水平处于第二，生态和社会发展水平也较高；中部以琼中县为中心，为海南生态核心区，生态发展水平较高，经济和社会发展水平较低；东部以及西部经济、社会与生态发展水平相对较高。可以看出，各区域的协调发展度还存在一定的差别，其不平衡性也是制约海南发展的关键因素。

## 6.5　协调发展下森林资源结构优化及模式开发

为了充分发挥森林资源的功能，促进海南经济、社会和生态的协调发展，根据海南森林资源结构状况，以森林资源的清查为基础，选取用材林、防护林、经济林和特用林等各类林地面积和蓄积作为主要的分析数据。由于海南竹林、薪炭林等面积接近零，为了简化，在森林资源优化的过程中，仅对用材林、防护林、经济林和特用林的比例按照100%来计算，其他林忽略不计。

## 6.5.1 森林资源结构的优化

### 6.5.1.1 森林资源结构方案和指标值确定

森林资源结构优化的比例，从常规角度来分析，可以在任何一个区间内取值，因此，其优化方案可以有无数种。根据海南历次森林资源清查数据的变化可知，不同林型比重区间有一定差别。根据实际比例，自第一次清查以来，用材林所占有林地的比重在15%至48%之间，防护林在12%至28%之间，经济林在36%至48%之间，特用林在2%至10%之间。森林资源结构的优化只能是有限优化，以各类林比例的中间值为基准值，采用5%的比例差对各种林型进行分级，形成19种级别。

用材林比例集合：$T = \{7\%, 12\%, 17\%, \cdots, 87\%, 92\%, 97\%\}$

防护林比例集合：$P = \{5\%, 10\%, 15\%, \cdots, 90\%, 95\%, 100\%\}$

经济林比例集合：$E = \{7\%, 12\%, 17\%, \cdots, 87\%, 92\%, 97\%\}$

特用林比例集合：$S = \{1\%, 6\%, 11\%, \cdots, 81\%, 86\%, 91\%\}$

$T$、$P$、$E$、$S$ 相互取交，当 $T + P + E + S = 100\%$ 时为可行方案。根据海南森林实际比例的变化，提出20种配置方案，见表6-5。

表6-5 不同林型的配置方案

| 林型 | 方案 | | | | | | | | | | | | | | | | | | | |
|---|---|---|---|---|---|---|---|---|---|---|---|---|---|---|---|---|---|---|---|---|
| | 1 | 2 | 3 | 4 | 5 | 6 | 7 | 8 | 9 | 10 | 11 | 12 | 13 | 14 | 15 | 16 | 17 | 18 | 19 | 20 |
| 用材林/% | 7 | 7 | 7 | 7 | 7 | 7 | 12 | 12 | 12 | 12 | 12 | 17 | 17 | 17 | 17 | 22 | 22 | 22 | 27 | 27 |
| 防护林/% | 15 | 20 | 25 | 30 | 35 | 40 | 25 | 30 | 35 | 40 | 45 | 25 | 30 | 35 | 40 | 25 | 30 | 35 | 25 | 30 |
| 经济林/% | 22 | 27 | 32 | 37 | 42 | 47 | 22 | 27 | 32 | 37 | 42 | 22 | 27 | 32 | 37 | 22 | 27 | 32 | 22 | 27 |
| 特用林/% | 56 | 46 | 36 | 26 | 16 | 6 | 41 | 31 | 21 | 11 | 1 | 36 | 26 | 16 | 6 | 31 | 21 | 11 | 26 | 16 |

依据上述森林资源结构的特点，将森林资源效益作为最终优化评价的衡量标准。森林资源的效益包括生态效益、经济效益和社会效益。生态效益主要表现为固土保肥、固碳生氧、涵养水源等价值；经济效益主要表现为木材产品价值和其他林产品价值；社会效益是以就业人数为主。优化指标采用前人的研究成果，结合了黄金城①和张颖②对三效益值的估算，提出以下指标值，见表 6-6。

**表 6-6　各林种相应的指标值**

单位：万元/人

| 林种 | 生态效益 | 经济效益 | 社会效益 |
| --- | --- | --- | --- |
| 用材林 | 2228.83 | 2605.38 | 3792.74 |
| 防护林 | 10296.00 | 1042.15 | 7585.47 |
| 经济林 | 9711.47 | 3395.04 | 12483.14 |
| 特用林 | 3059.00 | 2605.38 | 2370.46 |

#### 6.5.1.2　优化模型的设置

根据相关研究，肖纪浩、侯广力、马勇、肖杰（1999）③ 利用多目标灰色决策分析法和层次分析法（AHP）对辽东水源涵养林体系林种结构进行优化；步长千、胡志斌等（2013）④ 利用多目标灰色局势决策模型，以生物量、林分生产力、涵养水源和固土量为优化指标，对 15 种林业资源结构方案进行优化，并确定了最优方案。笔者借鉴以上的研究成果，结合海南森林资源结构的实际状况，确定了相应的变量和优化的模型：

---

① 黄金城．中国海南岛热带森林可持续经营研究［D］．北京：中国林业科学研究院，2006：6-28.

② 张颖．中国城市森林环境效益评价［M］．北京：中国林业出版社，2010.

③ 肖纪浩，侯广力，马勇，等．辽东水源涵养林体系林种结构规划可行性研究［J］．辽宁林业科技，1999（6）：33-35，47.

④ 步长千，胡志斌，于立忠，等．辽宁省清原县森林资源结构及其空间优化配置［J］．应用生态学报，2013，24（4）：1070-1076.

变量设置：

$i$—林类别（$i=1$，2，3，4）；

$j$—方案（$j=1$，2，…，20）；

$A_{ij}$—第 $i$ 类林第 $j$ 方案所占的比例值（表 6-5 中数据）；

$B_{ik}$—第 $i$ 类林带来的第 $k$ 类效益（表 6-6 各列值乘以专家系数）（$i=1$，2，3，4；$k=1$，2，3）；

$C_{jk}$—第 $j$ 个方案带来的第 $k$ 类效益（未归一化）（$j=1$，2，…，20；$k=1$，2，3）；

$C1_{jk}$—第 $j$ 个方案带来的第 $k$ 类效益（已归一化）（$j=1$，2，…，20；$k=1$，2，3）；

$D_j$—第 $j$ 个方案带来的综合效益。

数学模型为

$$\max D_j = (C1_{j1} \times C1_{j2} \times C1_{j3})^{\frac{1}{3}} \quad (j = 1, 2, \cdots, 20)$$

$$s.t.\begin{cases} C1_{jk} = \dfrac{C_{jk}}{\sum\limits_{j=1}^{20} C_{jk}} & (j = 1, 2, \cdots, 20; k = 1, 2, 3) \\ C_{jk} = \sum\limits_{i=1}^{4} a_{ji} b_{ik} & (j = 1, 2, \cdots, 20; k = 1, 2, 3) \end{cases}$$

方案的优化考虑效益指标的权重，根据海南林业建设重点的差别及所产生的影响，由 16 位专家分别对海南林业的生态效益、经济效益和社会效益进行打分，得出的权重分别为 0.45、0.32、0.23。社会效益是以就业人数为指标值，生态效益和经济效益以收入为指标值。考虑到生态效益、经济效益和社会效益之间不具备可比性，所以进行归一化处理。另外，考虑到三效益有重复，总效益不能直接相加，避免复杂单位混合后无法解释，直接对三个指标相乘并开三次方得出最终值。

通过以上模型进行计算，得出 20 种配置方案的综合效益值。按配置方案顺序，分别如下：

$d=$（0.0427　0.0461　0.0494　0.0525　0.0555　0.0583

0.0449　0.0482　0.0512　0.0542　0.0569　0.0450
0.0482　0.0513　0.0542　0.0451　0.0483　0.0514
0.0452　0.0484)

对综合效益指标的排序，选择排名前 5 的方案进行比较，见表 6-7。

**表 6-7　森林资源结构优化方案**

| 方案 | 林型 | | | | 效益 | | | 总效益 |
|---|---|---|---|---|---|---|---|---|
| | 用材林 | 防护林 | 经济林 | 特用林 | 生态 | 经济 | 社会 | |
| 6 | 7 | 40 | 47 | 6 | 0.0626 | 0.0492 | 0.0638 | 0.0583 |
| 11 | 12 | 45 | 42 | 1 | 0.0625 | 0.0472 | 0.0672 | 0.0569 |
| 5 | 7 | 35 | 42 | 16 | 0.0578 | 0.0505 | 0.0586 | 0.0555 |
| 10 | 12 | 40 | 37 | 11 | 0.0577 | 0.0480 | 0.0574 | 0.0542 |
| 15 | 17 | 40 | 37 | 6 | 0.0574 | 0.0480 | 0.0579 | 0.0542 |

通过对五种优化方案的比较可以看出，方案 6 和方案 11 生态效益相对较高，说明这两个方案具有较好的生态功能，在涵养水源、固碳生氧和防止水土流失方面作用明显；方案 5 和方案 6 经济效益较高，说明经济效益较为显著；方案 6 和方案 11 社会效益较高，说明这两个方案在解决居民就业方面的水平较高。森林资源结构的合理性要从多方面进行权衡，不仅要考虑防风固沙、涵养水源等生态效益，还要考虑到林业的经济收益和社会效益。由此可见，方案 6 生态效益在这五个方案中最高，经济效益和社会效益都居于第 2 位，综合效益最高。因此，本书选择方案 6 为森林资源结构优化的最优方案。

## 6.5.2　森林资源的开发模式

森林资源目前的开发模式相对较为传统，主要包括林下经济开发模式、森林旅游开发模式和林工结合开发模式。这三种模式在一定程度上对海南经济发展起到了一定的促进作用，在延续原有森林资源开发模式的基础上，在保证森林资源不遭受破坏的前提下，不断完善创新，提出了森林资源新的开发模式，主要包括以下几种。

#### 6.5.2.1 森林资源生物产业开发模式

森林资源生物产业开发模式是一种相对较新的森林资源开发模式，它是充分利用热带森林资源的生物多样性优势形成的与森林资源相关的新型高新技术产业。海南具有独特的热带山地雨林和季雨林生态系统，植被类型复杂，野生动植物十分丰富，生物多样性显著。该开发模式利用这一特性，在保证森林资源稳定的前提下，充分发展海南森林特种林木、南药和其他生物的基础上，发展林业生物质能源、林业生物质材料、生物制药和林源生物制剂等产业，形成资源利用水平高、环境污染低的林业生物制造产业，在森林资源稳定开发的前提下，带动海南热带林业生物产业健康有序的发展。

#### 6.5.2.2 森林旅游休闲一体化开发模式

森林旅游休闲一体化开发模式是利用森林资源，挖掘森林资源的旅游潜力和休闲功能，形成森林景观观光、森林游憩、森林探险和森林养生为一体的开发模式。海南有原始森林200多万亩，有五大类18种近480万亩海岸和内陆湿地。1992年至今，海南已先后建立了9个国家级森林公园，面积共170多万亩；16个省级森林公园，面积近80万亩。全省形成了热带雨林游、野生动植物游、珍稀特有物种游、热带花卉园林游、湿地红树林游等特色旅游线路。目前，海南热带森林旅游主要以观光游为主，在森林游憩、探险和养生方面开发力度相对较弱，还有待进一步开发。作为国际旅游岛，热带森林旅游是海南旅游重要的组成部分，别具特色的森林资源为森林旅游及休闲一体化开发奠定了基础。

#### 6.5.2.3 天然林与经济林复合开发模式

天然林与经济林复合开发模式，是在不影响森林生态和生物多样性的基础上，利用林地资源，发展桉树、槟榔、天然橡胶等经济林的种植，从而在发展经济林产业的同时，提高农民的收入水平。由于气候条件优越，资源条件独特，海南经济林产业发展有较大的优势，比如，天然橡胶、槟榔等产业是其他地区所不能比拟的。但海南林地资源有限，过度发展桉树、槟榔、天然橡胶等经济林产业势必会导致天然林资源的减少，如何协调好产业发展和天然林资源保护，是当前全省经济发展的要点。天然林与经济林复合开发模式能有效平衡环境与经济之间的关系，从而符合当前绿色经济发展的方向。

#### 6.5.2.4　林业碳汇开发模式

林业碳汇开发模式是利用固碳功能，参与碳汇交易从而实现经济收益的目的，是绿色发展的有效方式之一。林业碳汇能有效地吸收二氧化碳并排出氧气，对于净化空气防止温室效应具有较好的效果，从而可调节气候的变化，同时也能通过碳汇交易提高经济收入。海南相对于黑龙江、内蒙古、辽宁等森林大省（自治区），森林资源相对偏少，但由于热带独特的气候条件，树木生长较快，海南林业碳汇功能普遍要高于温带地区。中国热带农业科学院橡胶研究所研究成果表明，海南全岛仅橡胶林一年吸收的碳总量可达到 171 万~180 万吨。可以通过在荒山荒地或边角地植树造林，恢复已破坏的森林植被，减少毁林，从而有效地促进碳汇的开发。

#### 6.5.2.5　森林三效益综合开发模式

森林三效益综合开发模式是充分发挥森林资源的多种效益，实行多种经营方式，实现森林经济、社会和生态三效益的一体化。该模式立足于海南岛屿型的特点，是一个相对封闭的系统，森林资源对该系统有重要作用，是完整生态系统的保证。根据海南的社会发展需要以及政策目标，综合考虑生态、经济和社会效益的均衡性，可形成三效益整体的协调发展。

## 6.6 本章小结

本章主要对森林资源变动下海南经济、社会和生态的发展度及协调发展度表征进行分析，以经济、社会和生态各状态的现实值与理想值之间的相对值来反映发展水平。利用DEA的$C^2R$模型，以森林资源的变动为输入，以经济、社会和生态为输出，建立输入和输出系统，对输入和输出系统建立有效生产前沿面并进行投影分析，所求出的决策单元输出指标投影分析调整值则为输出指标的理想值。利用理想值，并借助于不确定性分析法，构建发展度模型，计算各系统的发展度。从结果可以看出，1993—2015年海南经济、社会和生态的发展度整体水平较低，但表现为缓慢增长的趋势。以协调度为横轴，发展度为纵轴，连接坐标点围成的面积为协调发展度值。通过协调发展度值可以看出，受到发展度的影响，协调发展度水平较低，整体保持缓慢增长的趋势。由于1998年和2009年协调度下跌，也影响了协调发展度的水平。在对协调发展度研究的基础上，对森林资源的结构调整及优化进行分析，利用效益最大化标准选取结构调整的方案，并以此提出了五种森林资源开发模式。

# 第7章　森林资源变动下海南经济、社会和生态协调发展关键影响因素分析

本章将对4.2热带森林资源变动下经济、社会和生态协调发展的影响因素进行分析，分别从自组织和他组织两个方面进行。自组织因素包括自然因素、区域因素和结构因素等；他组织因素包括政策与法律、市场因素和社会因素等。在这一部分内容中，笔者仅从定性方面对影响因素进行描述，并进一步确定各因素的影响程度。为了能够在森林资源变动下有效促进海南经济、社会和生态的协调发展，同时在协调发展机制的构建过程中把握住方向和重点，必须对协调发展的影响因素进行分析。本章则采用DEMATEL方法，定量筛选热带森林资源变动对协调发展的影响因素，并确定关键因素，为协调发展机制的构建提供依据。

## 7.1　基本思路

学界对协调发展影响因素的研究成果较多，张延爱（2011）就工业经济区域协调发展的影响因素进行了实证分析，利用C-D函数，对资本投资、基础设施和市场开放程度等影响要素分四个时间段进行回归，发现不同影响因素在不同时间段内的作用效果存在差异。[136]郭敏等（2012）就新疆区域协调发展的影响因素进行了分析，采用主成分分析法对新疆各区域经济、社会、人口和资源环境发展能力进行计算，并根据得分高低来推断

各种限制因素。[137]刘桦、杨婷（2013）对工业园区的能源、经济和环境协调发展进行了研究，通过调查问卷，利用主成分分析法对22个影响因素进行筛选，从而确定了节能减排政策、资源利用和保护政策、节能环保与技术等三个关键影响因素。[138]吴国卫（2015）对福清市城乡协调发展的影响因素进行了定性的描述，涉及历史性影响因素、现实性影响因素、社会保障性和政策性因素，并通过问卷调查对影响因素进一步说明。[139]上述研究协调发展的对象有很大差别，同时在方法的选用上也不尽相同。协调发展影响因素的研究主要取决于两个方面：一是根据协调发展的研究对象确定相关的影响因素；二是根据影响因素的特性对研究方法进行选择。

根据上述分析，结合第5、6章的内容，尽量避免协调发展度指标参量与影响因素的相互重复。森林资源变动下经济、社会和生态协调发展的影响因素可根据第4章中的自组织和他组织因素来具体描述。具体的因素包括自然因素、区域因素、结构因素、政策与法律、市场因素和社会因素等。由于上述因素绝大多数属于定性因素，故在进行影响因素判断时只能采用主观打分方式，辅以定量计算。由于这一特性，在对关键影响因素的判断过程中，研究方法的选择就比较重要。因此，研究的基本思路为：首先，根据4.2热带森林资源变动下经济、社会和生态协调发展的影响因素中自组织和他组织因素所涉及的具体因素进行描述，并不断细化进行解释说明；其次，根据影响因素的特性设计调查问卷，由专家对因素之间的影响程度进行打分，选择DEMATEL方法对打分的数据资料进行实证分析；最后，通过影响因素的原因度和中心度的值来确定关键因素。

## 7.2 方法选择和应用

### 7.2.1 方法选择

由第4章的分析可知，森林资源变动下的经济、社会和生态协调发展是在对自然系统与社会、经济系统相互关系的基础上进行的研究，所涉及的领域较为广泛，影响因素众多且复杂性较高。目前，海南国际旅游岛建设正面临这样的问题：一方面要通过国际旅游岛战略推动经济社会的建设与发展，另一方面又要求维护好生态环境并加强生态文明建设。这两个方面存在一定的矛盾和冲突。海南是一个岛屿型省份，具有相对封闭性，森林资源的稳定是生态文明建设的基本保障。协调好海南经济、社会和生态的发展必须要对影响协调发展的关键因素及其重要程度有完整的把握。

目前，对影响因素研究的方法很多，常用的方法包括线性回归模型、相关性分析、因子分析法以及 DEMATEL 方法等。DEMATEL 方法在教育、税收、安全管理、产品质量安全和水资源承载力等很多领域中都已经有了运用。王伟、高齐圣运用 DEMATEL 方法到构建统计学专业的课程体系中，提高了课程设置的合理性。[140]刘春、尤完通过 DEMATEL 方法就营改增对建筑企业的影响因素进行分析，找出了中心度较大的影响因素以及主要的原因因素。[141]马强利用 DEMATEL 方法对矿山安全管理的影响因素进行分析，设计了安全预控、人员素质、安全设施和制度章程四个维度，确定了每个影响因素的原因度和中心度，并找出了其原因因素和结果因素。[142]辛岭、任爱胜利用 DEMATEL 方法对农产品质量安全影响因素进行因果关系分析，并根据量化的计算结果进行排序，确定了主要影响因素。[143]赵娟、史文兵等利用 DEMATEL 方法对水资源承载力的影响因素进行分析，设计了 15 个影响因素并对此进行分析评价，确定了关键影响因素并提出了改善措施。[144]学界把 DEMATEL 方法运用到协调发展影响因素研究的为数不多。郑丽娟、万志芳①利用 DEMATEL 方法对经营系统协调发展的影响因素进行研究，并借助于原有度和中心度大小来区分经营系统协调发展的主要影响因素。DEMATEL 方法在定性分析的基础上进行定量计算，擅长解决一

① 郑丽娟，万志芳．基于 DEMATEL 的国有林可持续经营影响因素研究［J］．林业经济，2014，36（5）：32-36.

些要素不确定性的问题，协调发展的影响要素研究存在较多的不确定性，采用该方法较可行。

## 7.2.2 DEMATEL 方法及实施步骤

### 7.2.2.1 DEMATEL 方法介绍

DEMATEL（Decision Making Trial and Evaluation Laboratory）被称为决策试验与评价实验室法，由美国学者 Gabus 和 Fontela 于 20 世纪 70 年代初提出。它将矩阵和图论两种工具结合起来，用以筛选复杂系统的主要因素，通过简单的计算可以清晰地反映事物之间的逻辑关系，从而简化系统结构分析的过程。该方法是一种主观性方法，依赖相关领域专家丰富的实践经验，解决要素间关系不确定的问题。DEMATEL 方法的基本思想是利用图论理论，利用专家实践经验来对因素之间的相互关系打分，并在此基础上形成有向关系图及直接影响矩阵，计算出每个因素对其他因素的影响度和被影响度，进一步计算出每个因素的中心度和原因度。DEMATEL 方法适用于结构要素关系较复杂的系统，能有效地从众多要素中识别关键因素，从而使系统结构分析的过程变得简单。[145] 在确定影响因素或关键因素时，DEMATEL 方法相对于其他方法有以下几个方面的优点：

第一，相关分析、回归分析等方法对因素的独立性有一定要求，而 DEMATEL 方法不需要因素独立，可通过直接影响矩阵确定因素之间的关联性，并判断各影响因素对系统影响的强弱，以此进行排序，并甄别出关键因素。

第二，DEMATEL 方法不像回归分析等方法那样要建立模型，可直接运用图论和矩阵工具进行因素分析，不需要进行检验，直接借助于 Excel、MATLAB 等就可以计算，简化了运算过程。

第三，DEMATEL 方法可以利用原因度和中心度分别对因素进行判断，利用原因度的大小可以对原因组合结果组进行归类，利用中心度可以对重要性进行判断，可以更好地理清系统内部因素的逻辑关系。

综上所述，本书采用 DEMATEL 方法对经济、社会和生态协调发展的影响因素进行分析，借助于专家丰富的知识和经验对协调发展的影响因素进行深入的分析和评价，通过计算原因度和中心度，确定其关键的影响因素，为协调发展机制的设计提供依据。

#### 7.2.2.2　DEMATEL 方法的实施步骤

依据 DEMATEL 方法的思想，基本的实施步骤如下[146]：

第一步，确定影响因素。根据所研究的问题及其所涉及的相关信息，建立指标体系，每个指标则为影响所研究问题的基本因素。设影响因素为：$F_1$，$F_2$，…，$F_n$。

第二步，判断各影响因素间的关系。根据收集到的信息资料，对影响因素之间的关系进行分析判断，对不同因素进行比较。将影响程度分为四个等级，用数字“0~3”表示因素之间的影响程度，0 表示因素相互之间没有任何影响，1 到 3 等级分别为低程度、中程度和高程度影响。

第三步，确定直接影响矩阵。采用专家打分方式对影响因素进行评定，对影响因素之间的关系定量化，并根据因素影响有向图建立直接影响矩阵 $A$，$A=(x_{ij})_{n\times n}$　($x_{ij}=0, 1, 2, 3, 4$)。　$x_{ij}$表示因素 $F_i$对 $F_j$的影响程度。当$i=j$时，$x_{ij}$记为 0。直接影响矩阵为

$$A=\begin{bmatrix} 0 & x_{12} & \cdots & x_{1n} \\ x_{21} & 0 & \cdots & x_{2n} \\ \cdots & \cdots & \cdots & \cdots \\ x_{n1} & x_{n2} & \cdots & 0 \end{bmatrix}=(x_{ij})_{n\times n} \tag{7-1}$$

第四步，归一化直接影响矩阵，形成标准化矩阵 $B$：

$$B=\frac{A}{\max\limits_{1\leqslant j\leqslant n}\sum_{j=1}^{n}x_{ij}} \tag{7-2}$$

第五步，确定综合矩阵 $T$。其公式如下：

$$T = B(I - B) - 1 \tag{7-3}$$

其中，$I$ 为单位矩阵。

第六步，影响度、被影响度、中心度和原因度的确定。影响度和被影响度分别用 $a_i$ 和 $b_i$ 来表示，中心度和原因度分别用 $m_i$ 和 $r_i$ 来表示。影响度 $a_i$ 表示该行对应元素对所有其他元素的综合影响值，被影响度 $b_i$ 表示该列对应元素受其他元素的综合影响值。中心度为影响度和被影响度之和，表示该项因素在所有因素中所处的位置。中心度越大，该项因素对其他因素的驱动作用越明显，反之则越弱。原因度则是影响度和被影响度之差，若大于0，表明对其他因素的影响大，为原因因素；若小于0，表明受其他因素影响大，为结果因素。公式如下：

$$a_i = \sum_{j=1}^{n} t_{ij} \quad (i = 1, 2, \cdots, n) \tag{7-4}$$

$$b_i = \sum_{i=1}^{n} t_{ij} \quad (i = 1, 2, \cdots, n) \tag{7-5}$$

$$m_i = a_i + b_i \quad (i = 1, 2, \cdots, n) \tag{7-6}$$

$$r_i = a_i - b_i \quad (i = 1, 2, \cdots, n) \tag{7-7}$$

第七步，因果关系图的绘制。根据中心度和原因度的值，分别以中心度、原因度为横坐标和纵坐标，绘制因果关系图。通过因果关系图，可以看出各因素在系统中的重要程度。

通过以上的步骤，可以逐步地计算出影响因素的中心度和原因度，分析各影响因素在系统中的重要性及其所处地位。

## 7.3 结果计算与分析

### 7.3.1 数据收集与分析

（1）根据4.2中协调发展的自组织和他组织因素以及相关文献研究分

析，总结并归纳出海南热带森林资源变动下经济、社会和生态协调发展的 13 个影响因素的指标体系，并把这 13 个影响因素按顺序进行编号为 $F_1$，$F_2$，$\cdots$,$F_{13}$，具体见表 7-1。

**表 7-1　协调发展影响因素**

<table>
<tr><th></th><th>影响因素</th><th>指标 F</th></tr>
<tr><td rowspan="13">海南热带森林资源变动下经济、社会和生态协调发展的影响因素</td><td rowspan="3">自然与区域因素</td><td>自然条件 $F_1$</td></tr>
<tr><td>森林资源状况 $F_2$</td></tr>
<tr><td>区位条件 $F_3$</td></tr>
<tr><td rowspan="3">社会因素</td><td>旅游及流动人口 $F_4$</td></tr>
<tr><td>居民受教育程度 $F_5$</td></tr>
<tr><td>林业的经营者数量 $F_6$</td></tr>
<tr><td rowspan="4">经济因素</td><td>经济发展水平 $F_7$</td></tr>
<tr><td>热带经济林发展水平 $F_8$</td></tr>
<tr><td>林业投资水平 $F_9$</td></tr>
<tr><td>交易市场的完善程度 $F_{10}$</td></tr>
<tr><td rowspan="3">政策与法律因素</td><td>国际旅游岛战略 $F_{11}$</td></tr>
<tr><td>森林资源保护和补贴政策 $F_{12}$</td></tr>
<tr><td>森林法的实施效果 $F_{13}$</td></tr>
</table>

（2）利用德尔菲法和专家打分法对各因素间的影响关系打分，评分采用“0～3”等级计分制，0、1、2、3 分别为“无影响”“低程度影响”“中程度影响”“高程度影响”。选取海南大学、热带农业科学院和海南省林业厅等部门专家对影响因素打分。发放的调查问卷共计 60 份，收回 56 份，回收率达到 93.33%。收回的 56 份全部为有效问卷，以此为基础数据，并对打分结果进行整理，以众数为初始值构建初始的直接影响矩阵 $X$，见表 7-2。

（3）利用式（7-2），通过 Excel 进行计算，并对此进行归一化，形成标准化矩阵 $Y$。再利用式（7-3）得到经济、社会和生态协调发展影响因素综合影响矩阵 $T$，见表 7-3。

（4）利用式（7-4）和式（7-5）计算每个因素的影响度 $a$ 和被影响度 $b$，再借助于式（7-6）和式（7-7），通过影响度和被影响度的相加减得出每个因素的中心度 $m$ 和原因度 $r$。结果见表 7-4。

**表 7-2　协调发展直接影响矩阵**

| | $F_1$ | $F_2$ | $F_3$ | $F_4$ | $F_5$ | $F_6$ | $F_7$ | $F_8$ | $F_9$ | $F_{10}$ | $F_{11}$ | $F_{12}$ | $F_{13}$ |
|---|---|---|---|---|---|---|---|---|---|---|---|---|---|
| $F_1$ | 0 | 3 | 1 | 3 | 1 | 1 | 3 | 2 | 3 | 1 | 2 | 1 | 0 |
| $F_2$ | 1 | 0 | 0 | 3 | 0 | 3 | 2 | 3 | 1 | 2 | 1 | 2 | 2 |
| $F_3$ | 1 | 2 | 0 | 3 | 2 | 1 | 3 | 0 | 1 | 0 | 1 | 2 | 2 |
| $F_4$ | 2 | 3 | 0 | 0 | 0 | 1 | 3 | 1 | 2 | 0 | 2 | 2 | 1 |
| $F_5$ | 0 | 2 | 0 | 1 | 0 | 0 | 3 | 1 | 1 | 2 | 2 | 2 | 1 |
| $F_6$ | 2 | 2 | 0 | 1 | 1 | 0 | 2 | 3 | 3 | 2 | 2 | 2 | 1 |
| $F_7$ | 3 | 3 | 1 | 2 | 2 | 1 | 0 | 2 | 3 | 2 | 2 | 3 | 3 |
| $F_8$ | 2 | 2 | 0 | 1 | 1 | 3 | 3 | 0 | 2 | 1 | 2 | 2 | 1 |
| $F_9$ | 1 | 3 | 0 | 2 | 0 | 1 | 2 | 3 | 0 | 2 | 2 | 3 | 2 |
| $F_{10}$ | 0 | 2 | 0 | 1 | 0 | 3 | 3 | 3 | 3 | 0 | 2 | 2 | 2 |
| $F_{11}$ | 3 | 3 | 1 | 3 | 2 | 1 | 3 | 2 | 2 | 3 | 0 | 3 | 3 |
| $F_{12}$ | 3 | 3 | 0 | 2 | 1 | 2 | 3 | 3 | 2 | 2 | 3 | 0 | 2 |
| $F_{13}$ | 2 | 3 | 1 | 2 | 1 | 2 | 2 | 3 | 1 | 2 | 2 | 2 | 0 |

**表 7-3　协调发展综合影响矩阵**

| | $F_1$ | $F_2$ | $F_3$ | $F_4$ | $F_5$ | $F_6$ | $F_7$ | $F_8$ | $F_9$ | $F_{10}$ | $F_{11}$ | $F_{12}$ | $F_{13}$ |
|---|---|---|---|---|---|---|---|---|---|---|---|---|---|
| $F_1$ | 0. 1773 | 0. 3474 | 0. 0671 | 0. 2914 | 0. 1175 | 0. 1986 | 0. 3428 | 0. 2872 | 0. 2967 | 0. 1955 | 0. 2524 | 0. 2485 | 0. 1721 |
| $F_2$ | 0. 2081 | 0. 2421 | 0. 0329 | 0. 2772 | 0. 0823 | 0. 2618 | 0. 3032 | 0. 3160 | 0. 2318 | 0. 2209 | 0. 2183 | 0. 2684 | 0. 2239 |
| $F_3$ | 0. 1878 | 0. 2829 | 0. 0311 | 0. 2647 | 0. 1407 | 0. 1708 | 0. 3081 | 0. 1916 | 0. 2031 | 0. 1412 | 0. 1963 | 0. 2475 | 0. 2101 |
| $F_4$ | 0. 2217 | 0. 3130 | 0. 0322 | 0. 1705 | 0. 0752 | 0. 1761 | 0. 3053 | 0. 2292 | 0. 2376 | 0. 1447 | 0. 2264 | 0. 2472 | 0. 1792 |
| $F_5$ | 0. 1381 | 0. 2562 | 0. 0275 | 0. 1801 | 0. 0660 | 0. 1306 | 0. 2838 | 0. 2068 | 0. 1864 | 0. 1935 | 0. 2095 | 0. 2287 | 0. 1672 |
| $F_6$ | 0. 2450 | 0. 3207 | 0. 0354 | 0. 2292 | 0. 1192 | 0. 1728 | 0. 3172 | 0. 3290 | 0. 3029 | 0. 2341 | 0. 2589 | 0. 2818 | 0. 2044 |
| $F_7$ | 0. 3186 | 0. 4160 | 0. 0775 | 0. 3128 | 0. 1720 | 0. 2465 | 0. 3162 | 0. 3529 | 0. 3486 | 0. 2735 | 0. 3063 | 0. 3637 | 0. 3073 |
| $F_8$ | 0. 2421 | 0. 3124 | 0. 0355 | 0. 2235 | 0. 1190 | 0. 2591 | 0. 3374 | 0. 2254 | 0. 2665 | 0. 1986 | 0. 2521 | 0. 2743 | 0. 1990 |

续表

| | $F_1$ | $F_2$ | $F_3$ | $F_4$ | $F_5$ | $F_6$ | $F_7$ | $F_8$ | $F_9$ | $F_{10}$ | $F_{11}$ | $F_{12}$ | $F_{13}$ |
|---|---|---|---|---|---|---|---|---|---|---|---|---|---|
| $F_9$ | 0. 2200 | 0. 3547 | 0. 0359 | 0. 2636 | 0. 0880 | 0. 2132 | 0. 3200 | 0. 3326 | 0. 2078 | 0. 2348 | 0. 2611 | 0. 3142 | 0. 2391 |
| $F_{10}$ | 0. 1911 | 0. 3257 | 0. 0361 | 0. 2310 | 0. 0907 | 0. 2742 | 0. 3495 | 0. 3368 | 0. 3070 | 0. 1749 | 0. 2629 | 0. 2887 | 0. 2426 |
| $F_{11}$ | 0. 3351 | 0. 4386 | 0. 0811 | 0. 3596 | 0. 1801 | 0. 2621 | 0. 4339 | 0. 3718 | 0. 3384 | 0. 3173 | 0. 2590 | 0. 3826 | 0. 3231 |
| $F_{12}$ | 0. 3191 | 0. 4101 | 0. 0459 | 0. 3074 | 0. 1407 | 0. 2755 | 0. 4049 | 0. 3795 | 0. 3191 | 0. 2715 | 0. 3322 | 0. 2654 | 0. 2737 |
| $F_{13}$ | 0. 2590 | 0. 3690 | 0. 0707 | 0. 2764 | 0. 1272 | 0. 2513 | 0. 3370 | 0. 3423 | 0. 2549 | 0. 2431 | 0. 2715 | 0. 2957 | 0. 1824 |

**表 7-4　各影响因素原因度和中心度**

| | 影响度 $a$ | 被影响度 $b$ | 原因度 $r$ | 中心度 $m$ |
|---|---|---|---|---|
| $F_1$ | 2. 9944 | 3. 0630 | - 0. 0686 | 6. 0575 |
| $F_2$ | 2. 8869 | 4. 3888 | - 1. 5018 | 7. 2757 |
| $F_3$ | 2. 5758 | 0. 6087 | 1. 9670 | 3. 1845 |
| $F_4$ | 2. 5582 | 3. 3876 | - 0. 8294 | 5. 9458 |
| $F_5$ | 2. 2744 | 1. 5185 | 0. 7558 | 3. 7929 |
| $F_6$ | 3. 0506 | 2. 8927 | 0. 1579 | 5. 9433 |
| $F_7$ | 3. 8119 | 4. 3594 | - 0. 5474 | 8. 1713 |
| $F_8$ | 2. 9448 | 3. 9012 | - 0. 9563 | 6. 8460 |
| $F_9$ | 3. 0850 | 3. 5007 | - 0. 4157 | 6. 5857 |
| $F_{10}$ | 3. 1113 | 2. 8437 | 0. 2676 | 5. 9549 |
| $F_{11}$ | 4. 0828 | 3. 3069 | 0. 7759 | 7. 3896 |
| $F_{12}$ | 3. 7451 | 3. 7067 | 0. 0384 | 7. 4518 |
| $F_{13}$ | 3. 2807 | 2. 9240 | 0. 3567 | 6. 2047 |

## 7. 3. 2　结果分析

### 7. 3. 2. 1　原因度分析

当原因度大于 0 时，该因素被称为原因因素。由表 7-4 原因度计算的结果可以看出，在热带森林资源变动下，海南经济、社会和生态协调发展的原因因素有 $F_3$、$F_5$、$F_6$、$F_{10}$、$F_{11}$、$F_{12}$、$F_{13}$。其中，居于前三位的分别

是 $F_3$（区位条件）、$F_{11}$（国际旅游岛战略）和 $F_5$（居民受教育程度），由此可见，海南经济、社会和生态协调发展受以上三个因素的影响较大。区位条件以及国际旅游岛战略的实施，对于海南经济、社会和生态的协调都具有较大的促进作用。在原因因素中，政策与法律所占的比重较高，除了 $F_{11}$（国际旅游岛战略），$F_{12}$（森林资源保护和补贴政策）和 $F_{13}$（森林法的实施效果），对协调发展改善具有重要的作用，需要积极推进相应政策的实施，也将会取得相应的效果。$F_6$（林业经营者数量）和 $F_{10}$（交易市场的完善程度）对资源的配置和经营具有决定性作用，从而会影响到三者的协调发展。

当原因度小于0时，该因素被称为结果因素。从计算结果中可以看出，结果因素主要有 $F_1$、$F_2$、$F_4$、$F_7$、$F_8$、$F_9$。结果因素受外界影响较大，很容易发生变化，是短期内改变效果最明显的因素，对协调发展会产生直接影响。从结果因素的数值来分析，数值越小越容易受到影响，结果因素的排序是 $F_2$、$F_8$、$F_4$、$F_7$、$F_9$、$F_1$。最容易受到影响的前三个因素是 $F_2$（森林资源状况）、$F_8$（热带经济林发展水平）、$F_4$（旅游人口数量），因此可以通过原因因素的调整来减轻对结果因素的影响，使经济、社会和生态的协调度更高。

#### 7.3.2.2 中心度分析

中心度表示该因素在所有的影响因素中所处的位置，中心度越大，所处的位置越明显，即对协调发展的促进作用也就越大。从计算的结果来看，各因素中心度从大到小的排序是 $F_7$、$F_{12}$、$F_{11}$、$F_2$、$F_8$、$F_9$、$F_{13}$、$F_1$、$F_{10}$、$F_6$、$F_4$、$F_5$、$F_3$。位于前六位的因素是 $F_7$（经济发展水平）、$F_{12}$（森林资源保护和补贴政策）、$F_{11}$（国际旅游岛战略）、$F_2$（森林资源状况）、$F_8$（热带经济林发展水平）、$F_9$（林业投资水平），说明它们在提高经济、社会和生态协调发展的过程中是非常重要的。基于对森林资源变动下经济、社会和生态协调发展的研究可知，经济发展水平的高低、国际旅游岛战略的实施以及林业发展的状况是决定经济、社会和生态三者协调发展的关键因素。排在后七位的因素是 $F_{13}$（森林法的实施效果）、$F_1$（自然条件）、$F_{10}$（交易市场的完善程度）、$F_6$（林业经营者数量）、$F_4$（旅游及流动人口）、$F_5$（居民受教育程度）、$F_3$（区位条件），它们的中心度值相对偏低，但对于协调发展是不可或缺的，也需要不断地改善并加强。

#### 7.3.2.3　各因素定位分析

将各影响因素定位在坐标系中，以中心度为横坐标，以原因度为纵坐标，以中心度和原因度平均值取整作为交叉点，两轴交叉于（6，0），绘制出坐标图，构成四个象限。如图 7-1 所示。

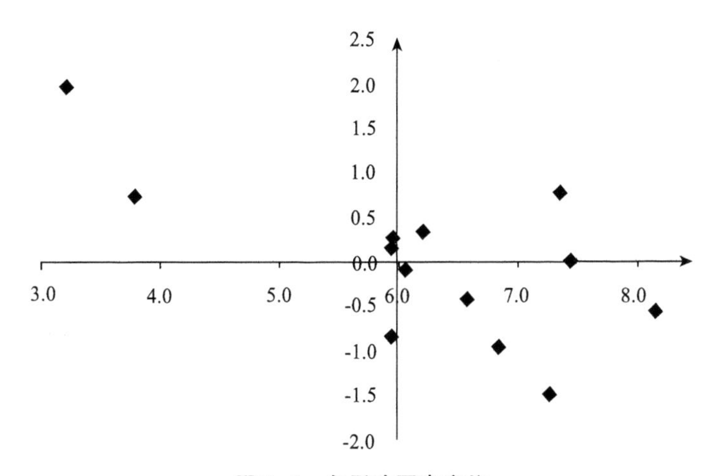


**图 7-1　各影响因素定位**

第一象限内的影响因素包括 $F_{11}$、$F_{12}$、$F_{13}$，都具有较大的中心度和原因度，是对协调发展影响的关键因素，也是在制定相应策略时首先要考虑的问题。这三个影响因素分别是国际旅游岛战略、森林资源保护和补贴政策以及森林法的实施效果，由此可见，推动海南经济、社会和生态协调发展，必须要加强国际旅游岛战略实施，建立起保护森林资源的基本机制，促进生态环境建设，构建生态文明岛屿，才能更有效地与经济社会的发展协调一致。

第二象限内的影响因素包括 $F_3$、$F_5$、$F_6$、$F_{10}$，它们具有较小的中心度和较大的原因度，属于次关键因素，对其他因素有着不可或缺的影响。主要包括区位条件、居民受教育程度、林业经营者数量和交易市场的完善程度，这四个因素对于国际旅游岛的建设、经济水平的提高、森林资源的有效利用都会产生重要的影响，对于协调发展起着间接的影响。笔者认为，就提高居民受教育程度，对林业经营者实施有效管理，控制森林资源的过度损耗以及加强交易市场的建设等方面应该采取相应的举措。

第三象限内的影响因素包括 $F_4$，其中心度和原因度都比较小。这个因素为旅游人口数量，主要是受到其他因素的影响，对其他因素基本不产生驱动作用。这是随着海南经济社会的发展、生态环境的优化以及旅游发展水平的提高所产生的必然结果。

第四象限内的影响因素包括 $F_1$、$F_2$、$F_7$、$F_8$、$F_9$，它们具有较大的中心度和较小的原因度。这些因素包括自然条件、森林资源状况、经济发展水平、热带经济林发展水平和林业投资水平，这些属于被影响因素。也就是说，在追求经济社会的发展过程中，不能以牺牲自然资源条件和森林资源状况为代价，但也不能完全注重自然条件和森林资源而不发展经济，任何片面的或短期的发展都是不可取的。

## 7.4 本章小结

本章是以海南森林资源变动下经济、社会和生态协调发展的影响因素为研究对象，构建了四大类影响因素，13 个具体指标，并设计调查问卷由专家对指标之间的影响度打分。在此基础上运用 DEMATEL 研究方法计算出影响因素的原因度和中心度，初步分析后建立坐标系，确定各影响因素所在的象限位置。对各因素所处的不同区域进行深入的分析，得出的结论是国际旅游岛战略、森林资源保护和补贴政策以及森林法的实施效果为关键驱动因素，而区位条件、居民受教育程度、林业经营者数量和交易市场的完善程度为次关键因素，自然条件、森林资源状况、经济发展水平、热带经济林发展水平和林业投资水平是被影响因素。

# 第8章 海南森林资源变动下经济、社会和生态协调发展机制构建

森林是一个集合了自然性和社会性的综合系统，具有较大的复杂性和不确定性。在热带森林资源变动下，利用好森林资源，同时促进经济、社会和生态的协调发展是当前海南作为国际旅游岛建设的重点，也是构建生态文明省所应关注的核心问题。热带森林资源自身变动的复杂性，使得海南经济、社会和生态协调难度加大。在“海南国际旅游岛建设”战略以及“一带一路”倡议发展的背景下，为了更为有效地促进海南经济、社会和生态间的协调发展，需要构建一个较为合理的协调发展机制，从而保证森林资源利用的有效性和可持续性。

## 8.1 协调发展机制构建的基本原则

### 8.1.1 可持续性原则

协调发展机制的构建所遵循的可持续性原则表现为，在协调机制的构建中，机制的设计和运行既要立足于当前状态又要考虑长远发展，把短期效益与长期发展结合起来。为实现协调的可持续性，首先要对“海南国际旅游岛建设”的目标有清晰的认识，对森林资源及环境的各种关系有全面的把握，对经济、社会和生态的运行规律和特征有深入的认识，把机制的

构建与此三者的协调特性进行有效的融合，使三者的发展保持适当的均衡，使协调机制的方向与国际旅游岛建设中经济、社会和生态的发展方向保持一致。从时间、空间和强度方面对经济、社会和环境进行完整评估，可提高协调机制的效率，提升协调机制的运作效果，从而实现其协调的可持续性。

### 8.1.2　系统性原则

协调发展机制构建的系统性原则要求将森林看作具有整体特性的结构系统，把森林在经济、社会和生态方面所产生的功能看成一个整体，运用整体的或系统的观点来研究、设计和构建协调发展机制，从而确定协调发展目标和相应的措施。海南作为一个岛屿系统，森林资源对于经济社会的发展具有重要作用，所以在构建协调发展机制的过程中，要注重森林资源利用与经济、社会和生态之间的连接性，同时也要考虑到森林资源利用过程中所产生的效益与区域经济发展之间的因果关系。在设计和构建协调发展机制时，既要考虑自身的系统内部反映出的优化功能，又要考虑在海南国际旅游岛建设特殊背景下全面协调的效果。

### 8.1.3　市场导向原则

协调发展机制的构建目的是要服务海南经济社会发展，服务“国际旅游岛”建设，最终要符合社会主义市场经济的整体发展趋势。海南森林资源与经济、社会和生态协调机制的构建涉及多个方面，其中，经济是基础，资源的配置是核心，所以在协调机制的构建上要考虑到这一点。经济、社会和生态的协调发展必须以市场为导向，通过森林资源的有效配置，确保经济社会发展及生态发展的稳定。协调机制的构建一定要建立在了解市场情况、分析市场动态、预测市场未来和挖掘市场潜力的基础上，进而稳定经济在协调过程中的基础地位。

### 8.1.4 开放合作原则

协调发展机制的构建要实行开放协作原则，协调不是机制构建的唯一目的，除了协调，更重要的是促进森林资源的合理利用，促进经济、社会和生态的有序发展。这就需要把森林资源作为一个开放的系统，建立起森林资源利用内外的有效联系与合作。海南国际旅游岛建设为合作开放奠定了基础，加大了产业之间的互动，也加大了北部湾地区、东南亚区域的合作与交流。这一桥梁的建立，可进一步加大与其他地区的合作，促进区域内外资源的流动与共享，进而缩小差距。协调发展机制的构建要符合开放合作的方向，建立更为合理的资源流动机制，促进林业与其他产业之间的开放与合作。

### 8.1.5 科学性原则

森林的主要特性是自然性，资源的变动与环境之间存在严密的逻辑关系。协调发展机制的构建，必须建立在森林生态学的合理性、经济发展的可行性和人们对社会发展的满意度的基础上。因此，要对海南国际旅游岛建设以及岛屿经济的发展会带给森林资源变动什么影响，具有什么样的规律，以及对协调发展所产生的影响程度有全面的估计。在现实中往往由于信息的不对称性、人的主观性或其他原因难以对最终结果形成一个明确的评价，所以在设计和构建协调机制时，应注重它们内在的规律性，提高协调发展机制的科学性。

## 8.2 协调发展的内在关系分析

经济、社会和生态的协调发展，主要表现为三个系统间的配合，在这一过程中，其协调发展水平的高低由内在的构成要素及相互的结构关系所决定。经济、社会和环境的协调发展，是要促进三个系统内在要素的结合以及优化内在的关系结构，形成有效的运转体系。这对于经济的发展能起到提升作用，对社会的功能能形成明显的扩大效应，同时还能减缓生态环境的负面影响。在生态环境的承载力范围内，应实现经济社会发展的有效融合，从而实现经济、社会和生态在协调中的高效运转。

自 2010 年海南国际旅游岛建设开展以来，经济发展对于岛内生态环境以及森林资源造成了一定的负面影响，海防林被大面积砍伐，林地资源被占用，生态环境遭到破坏，导致当地居民生活满意度下降，最终使社会发展受到影响。由此可见，经济发展过程中对于生态环境造成的负面影响是经济、社会和生态协调发展的关键，而对社会发展的影响则是协调发展的外延，经济、社会和生态间形成了较为特殊的运行机理。

### 8.2.1　经济与生态是协调发展的核心

在不同的发展阶段，对于经济发展与生态之间的需求是不同的，从而也导致两者关系的变化。在经济发展初期，人们对经济发展的需求更为强烈，从而忽视了生态方面的需求，由于树木的砍伐、生物种类的减少和林地的毁坏，森林资源急剧下降，生态环境一度恶化，造成了严重的负面影响。经济发展达到一定水平后，人们对生态的需求又逐渐上升。

从海南的发展来看，经济、社会和生态三者之间的关系主要表现在两个方面：一是表现在经济发展和生态发展之间的关系上。新中国成立以来，海南就承担了国家经济建设的两项重要任务，为国家经济建设提供大量的林木资源和利用天然林地大力发展天然橡胶。由于过度地开采林木资源和利用天然林地，森林资源急剧减少，生态环境受到了极大的破坏。海南建省后，虽然实施了天然林保护工程等措施，但由于经济利益的趋势，在海南中西部山区砍伐原始林种植天然橡胶的农民比比皆是，使生态环境的破坏一直延续，导致岛内水库水位下降，多条河流干枯。因此，经济的发展对于森林资源和生态环境的破坏是巨大的，两者之间由此形成了较为紧密的要素关系和结构关系，从而要求经济发展和生态环境保护之间密切配合并达到平衡。二是表现在经济发展和生态发展的时空状态上。从空间上来看，海南岛中部为生态核心区，有着较丰富的森林资源，但经济发展相对落后，而非生态核心区的其他区域，经济发展水平要比中部高。由此可见，经济发展和生态发展都是表现于特定时空的产物，与时空的变迁有着密不可分的联系，所以在两者的发展过程中要考虑不同区域和不同时间的协调发展，也要考虑随着时空不同要素的变化所导致的协调发展。

## 8.2.2 社会发展是经济和生态的外延

社会发展包括政治、文化和习俗等多个方面，其中经济也是社会发展的重要组成部分。从一般逻辑上分析，经济是决定社会发展的基础，环境是一个社会存在和发展的保证。海南自1988年建省以来，社会发展取得了明显的进步，但受资源和环境的制约也越来越明显，森林资源一度的损耗在很大程度上影响了海南社会发展的步伐。由此可见，经济和生态的稳定性决定了社会发展的稳定程度，同时也决定了社会发展的方向，形成了经济和环境发展的外延表现。

社会发展是经济和环境发展的外延，主要表现为：首先，经济和生态的发展水平决定了社会发展的水平，经济和环境发展水平较高往往社会发展层次也较高，使政治、文化的发展水平都保持同步，发展水平一般呈现正比关系；其次，经济和生态的发展速度决定了社会发展的速度，社会环境的变化速度受到经济和生态的影响，是决定性因素；最后，经济和生态的发展质量决定了社会整体发展的质量。

## 8.2.3 经济、社会和生态在协调发展中相互制约

经济、社会和生态的协调发展具有一定的规律性，在促进三者协调的过程中，要时刻关注它们的变化规律。最优的经济社会发展目标和最优的生态发展目标有一定的差异，协调发展的最优状态难以形成统一性。在持

续的协调发展过程中，经济系统、社会系统和生态系统都具备内在的自我调节能力，这种调节能力会随着外界各种条件的变化而变化，同时这三者之间也会产生相互的制约，限制了经济、社会或生态进一步发展。一旦经济或社会发展的程度超过生态系统的承载范围，会对生态产生较大的破坏作用，从而进一步打乱系统内自身的调节机制；反之，若生态条件的变化很大，超过经济发展的承载范围，对经济也会产生相应的制约，从而影响到社会的进一步发展。

海南意识到生态是经济社会发展的必要条件，20 世纪末期，就成为全国生态文明示范省建设试点，通过森林资源保护和支持政策，大力保护森林资源并恢复生态建设，森林覆盖率不断提高，生态条件不断改善。自国际旅游岛建设以来，由于旅游和地产项目开发，森林资源及生态环境一度遭到破坏，海南省政府意识到生态问题的严重性，对生态核心区、湿地和海防林区设置了生态红线。

## 8.3　经济、社会和生态协调发展机制的框架

经济、社会和生态的协调发展是一个复杂的系统工程，涉及经济社会的方方面面。因此，协调发展机制也具有相应的复杂性，机制的组成并不是孤立的，是由众多相互作用、相互联系和相互制约的个体构成的一个完整体系。根据经济、社会和生态的内在机理，遵循协调发展机制设计的基本原则，由市场机制、合作机制、利益协调机制、援助机制和治理机制组成了海南省森林资源变动下的协调发展机制。这五个机制通过相互的内在联系，形成了金字塔结构状态，最大程度地协调了海南经济、社会和生态的平衡发展。[147]具体结构见图 8-1。

在经济、社会和生态协调发展机制模型中，治理机制对其他四个机制起着引领作用，市场机制和利益分配机制起着主导作用，合作机制和援助

机制发挥着辅助作用，其最终的目的是通过五个机制间的相互联系和作用，促进海南经济、社会和环境效益的协调发展。

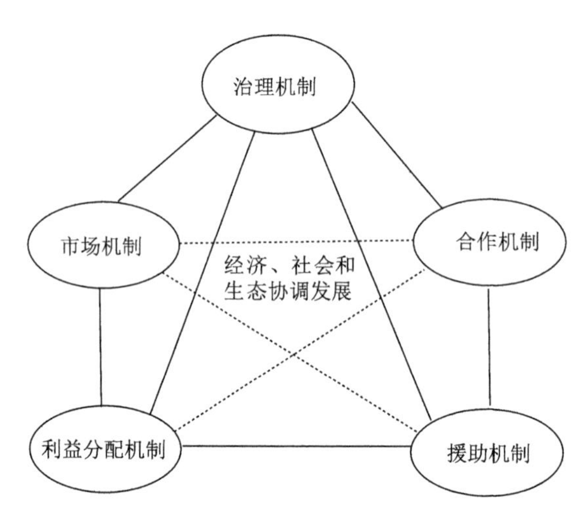


**图 8-1　经济、社会和生态协调发展机制模型**

治理机制是宏观性机制，通过政府制度创新和机构改革，为市场机制、利益分配机制、合作机制及援助机制的有效发挥提供保障条件，确定机制的运行规则，形成协调的体系，从而促进各个机制的有效配合，最大程度地发挥各个机制的作用和功能，协调好经济、社会和生态的发展。

市场机制是以市场经济的基本原则为导向，建立开放型市场，形成统一的市场体系，促进森林资源和其他要素的流动、资源的配置和产业的发展，挖掘经济发展的潜力，在促进经济发展的同时，协调好社会和生态的关系。市场机制主要对经济发展起作用，其作用是基础性的，而对社会及生态的作用相对较弱，仅仅表现为间接作用。

利益分配机制以各方利益的协调来平衡各方的经济关系，是稳定利益相关者的有效方法，通过经济手段来引发政府、林业企业、职工和农民等利益相关者行为的变化，从而对环境保护行为进行调节，最大限度地保护生态环境，使经济和生态之间达到平衡。

合作机制是经济、社会和生态协调发展的一种重要方式。合作机制是通过平等、互利等原则，在资源配置、要素流动、市场统一、产业发展和环境保护等方面，采取一致行为或联合行动，从而实现发展合力和关联互动，减少或消除无效工作，提高整体系统的发展效率。[148]

援助机制是指在协调发展过程中，对于易受到损害的资源或要素，制定援助的原则，确定援助的基本对象，设定援助的方式或方法，从而确保协调发展的有效性。[149]在“海南国际旅游岛建设”背景下，生态环境是首要的条件和因素。森林资源的变动对于生态环境具有重要的影响，但它是非常脆弱的，在实现经济、社会和生态的协调发展过程中，需要政府提供援助，维持森林资源合理变化。

## 8.4 协调发展机制的构建

### 8.4.1 治理机制

治理机制是根据森林资源变化与海南经济、社会和生态的运行规律建立的，包括对政府发展战略的实施、协调发展中的职能界定和制度法律规范的制定等几个方面[150]，具体如图 8-2 所示：

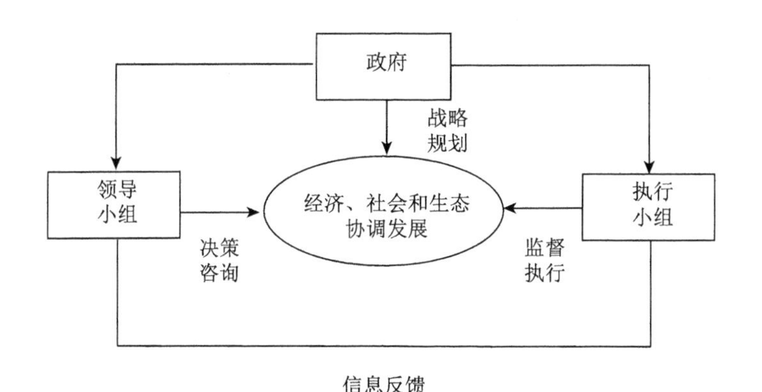


**图 8-2　治理机制关系图**

#### 8.4.1.1 发展战略的实施

“国际旅游岛建设”“一带一路”和“海南经济特区”是海南目前发展的主要战略形式，其中“国际旅游岛建设”发展战略自2010年1月实施以来，由第5、第6章的协调发展分析可以看出，在经济建设、社会发展和生态建设等方面取得了较好的效果，协调发展水平不断提高，经济、社会和生态三者间的协调能力不断增强。无论是“国际旅游岛建设”还是“一带一路”和“海南经济特区”，从本质上决定了经济、社会和生态的发展方向，决定了资源利用的方式和水平。所以，发展战略的实施要充分考虑海南区域发展的特点，建立森林资源的保护和利用措施，设计协调发展的模式和路径，平衡好经济社会与生态环境的关系，解决好发展中的各种矛盾和冲突。

#### 8.4.1.2 政府职能的界定

促进海南森林资源利用和经济、社会、生态的协调发展不仅是省政府的一项重要任务，而且也是市县各级政府的主要任务。不同层次的政府部门，在协调发展过程中所发挥的作用不一样，其职能也有所差别。作为省政府的职能主要包括：负责全省协调发展战略的制定；负责经济、社会和生态协调发展规划；统筹制定经济、社会和生态发展的各项政策；负责经济、社会和生态发展中涉及的部门之间的关系协调；为经济、社会和生态的协调发展进行基础设施建设；通过管理创新，推动市场机制、合作机制、利益分配机制、援助机制与治理机制有效融合。市县政府职能主要包括：根据省政府的协调发展战略和规划，制定本市县协调发展的具体策略，负责策略的具体实施；根据省政府制定的各项协调发展政策，逐一落实相关政策。

#### 8.4.1.3 制度和法律完善

完善的制度和法律是落实工作的保障，由于经济、社会和生态协调发展是一个比较复杂的系统，没有专门的法律条文对此进行规范，只有针对不同领域的法律规定，如《环境保护法》《森林保护法》。为了保障协调发展的顺利进行，在原有的经济、社会和生态发展法律的基础上，形成各领域法律的交叉，应在国家的法律框架内，建立一套适合海南森林资源利用和经济、社会和生态协调发展的制度和规定。根据目前海南经济社会的发展方向和发展思路，不断调整和完善地方的法律法规，才能在促进经济社会发展的同时，有效地保护森林资源和生态环境。

## 8.4.2　市场机制

市场机制是经济的先导。协调发展必须遵循市场经济规律，不能脱离市场经济这一既定的框架而独立存在，只有通过市场经济的运行，才能够从根本上解决协调发展问题。市场机制是协调发展机制重要的一部分，市场中的价格因素、供求因素和竞争因素按照一定的运行规律运行，从而实现资源和要素的流动和配置。市场机制可以从推动市场的全面开放和融合、培育市场经济的主体、完善森林资源要素的配置和产业开发功能等方面进行构建。[153]

### 8.4.2.1　推动市场的全面开放与融合

根据海南“国际旅游岛建设”的基本思路，要不断地开放，形成国际化的旅游胜地。推动市场机制的建设，首先要考虑市场的开放与融合。森林是一个特殊的系统，不仅要实现其经济功能，更重要的是实现其社会功能和生态功能，而生态功能又制约了经济功能的发挥。这一特性是分割经济、社会和生态协调发展的一大障碍。海南作为一个岛屿系统，从区域位置上来看，既有优势也有劣势。因此，如何进一步对市场开放是解决这一问题的关键，也是协调经济、社会和生态发展的重心。

在推动市场的开发与融合方面，可以从以下几个方面着手：首先，在保证森林生态功能稳定的前提下，适当削弱政府对市场的干预行为以及对各利益主体的利益分配行为，由市场来调控相应的经济活动。其次，把市场经济对经济、社会和生态效益的作用全部统一起来，打破原有分割的状态和局面，尤其是市场对生态的作用和影响，尽量形成开放型的运行模式。再次，构建或完善新型的市场，从而扩大对森林资源配置与经济、社会、生态发展的有机融合，比如完善碳交易市场、生态服务市场和森林旅游或游憩市场，通过这些新型市场的建立和完善，在提升生态功能的同时也进一步提高经济效益，从有形产品市场向无形产品市场转变，在一定程度上打破原有森林资源及产品市场的封闭状态。最后，为了加强对市场的规范，在国家整体法律的框架范围内，由省政府加强统一市场监管体系的建设，根据海南森林资源特性建立地方性法规，从而保证经济、社会和生态协调发展的顺利进行。

#### 8.4.2.2 培育市场经济的主体

市场主体是市场体系建设的核心内容，也是市场机制的关键因素，一般表现为参与市场经济活动并具有权、责、利的组织和个人。从海南的区域情况来看，市场的主体包括政府、企业、合作社、农民、居民和游客等，客体则为各类森林资源以及森林资源的衍生产品。考虑到市场经济主体对经济起着决定性作用，因而有必要对市场经济主体进行分析。市场经济主体可以分为两大类，其中政府、企业、合作社和农民为供给方，而居民和游客为需求方。

在供给方培育中，由于政府既是市场的供给者，又是市场的调控者，其身份比较特殊，所以只对企业和农民进行分析。在海南，具有代表性的林业企业是海南农垦集团，以天然橡胶的种植为主，承担着国家发展天然橡胶的重任。2008 年，海南农垦局进行了股份制改造，组建了海南农垦集团，并成功地进行了政企分离以及公司制改革。海南农垦局逐渐成为自主经营、自负盈亏的企业。对社会职能进行了分离，就业、教育和医疗等目前已经从公司剥离。虽然海南农垦局实施了一系列的改革，但市场的主体地位并非十分突出，还需要不断地完善。可以通过继续推进海南农垦局集团化建设，从政企模式中完全解放出来，加大橡胶产业的发展，理顺经营管理体制，推进集团内部薪酬激励机制建设、用人机制建设，建立权利义务清晰的国有土地经营制度。通过以上举措提升集团实力，从而确定其市场主体地位。

农民市场主体的培育相对于企业而言难度较大。海南农民与其他地区农民一样，表现出市场意识不强、规模相对较小、生产能力较弱等特点，因此很难作为一个市场主体而独立存在。为了培育农民的市场主体地位，可以从以下方面用力：首先，在当前土地确权的基础上，稳定海南林地的使用权利，尤其是经济林的使用权利。放开土地的使用权、转让权和经营权等各种权利，加大土地或林地的市场化程度，让农民有更多的选择，从而增强农民在市场中的实力。其次，通过引导，让分散的农民自发组建家庭农场或合作社，扩大生产规模和生产能力，把分散的农民进行集中，缓解农民的小生产与大市场之间的矛盾，使农民成为林业市场经济的主体。

#### 8.4.2.3　完善森林资源要素配置和产业开发的功能

市场对于海南森林资源的配置相对较弱，但森林资源的配置是否完善直接影响到森林关联产业的开发，这是协调经济与生态发展的关键所在，即经济的生态化，最终会实现经济、社会和生态效益协调发展的最大化。要实现森林相关产业的发展，必须在市场经济条件之下，对资源进行合理的配置，以及对资产进行合理的经营。

森林资源要得到合理的配置，资产要得到合理的经营，市场对森林资源的配置机制和经营管理机制是其中的关键。对海南森林资源要素的配置，以及对产业市场机制的开发，可从构建区域性的森林资源交易市场和森林资产价值评估和认证中心着手，通过要素市场促进森林资源或资产的流动，从而促进森林资源相关产业的发展，把资源的内在优势转化为经济的外在优势。

### 8.4.3 利益分配机制

森林资源与经济、社会和生态协调的前提条件是利益的分配，利益分配机制的建设是协调发展机制的核心。在市场经济条件下，要从根本上解决协调发展问题，就必须处理好各利益群体的利益分配关系，才能调整和优化各利益群体的行为，实现协调发展的最终目的。

森林是个复杂的系统，无论是天然林还是人工林都涉及众多的利益相关者。其中，政府、森林经营者、农林企业、农民和科技人员等在森林的建设及开发过程中有着各自的目的，且相互间存在密切的联系，从而导致行为的冲突和矛盾，如图 8-3 所示。海南省政府在林业发展方面的目的，基本与国家在林业发展方面的目标是一致的，致力森林资源的保护，最大程度发挥其生态功能，在防灾减灾的基础上提升林业的经济功能；地方政府在遵循省政府森林资源保护政策的同时，更倾向于地方经济的发展；国家级森林资源保护区则是完全按照国家和省政府的指示做好森林资源的保护工作，使森林资源不受损坏；企业与农民在林业发展过程中侧重于经济利益的最大化，与国家和省政府在林业发展的目标上存在较大的分歧；其他利益相关者在林业发展过程中的目标介于政府与企业之间，在追求环境保护的同时也考虑到利益的获取。由此可见，在众多林业发展参与的主体中，相互间存在较明显的博弈现象，在一定程度上对地区经济、社会和生态的协调发展产生了障碍，引起了很大的负面影响。因此，构建一个合理的利益分配机制是解决矛盾的根本手段。

由于林业发展的参与方目标存在差别，为了能够维系森林资源环境与经济社会发展的协调关系，以法律法规等强制约束方式为主，以补贴或补偿的方式为辅，可以使博弈方的行为符合集体利益最大化而不是个人利益最大化，使利益冲突得到缓解。基于以上考虑，海南森林资源协调发展利益分配大体可分为两部分：第一部分是以政府为主，对森林资源利用和发展的参与成员采取不同的利益分配方式，实现利益的合理分配；第二部分是利益的协调，为利益分配机制的辅助部分，协调参与成员间的利益关系，从微观角度处理利益纠纷与利益分歧。

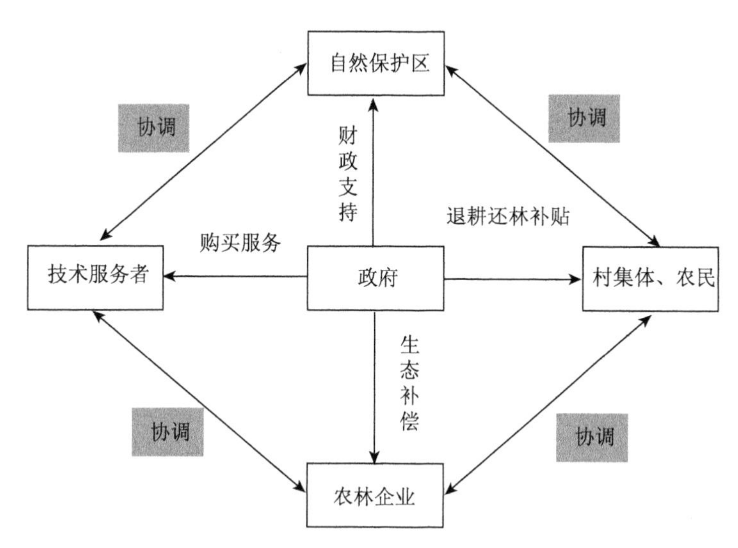


**图 8-3　海南森林资源变动下协调发展利益分配机制图**

### 8.4.3.1　以政府为中心的利益分配机制

在林业发展过程中，政府是经济、社会和生态协调发展的主体，政府除了是林业发展政策的制定者和实施者外，同时也是利益的分配者。林业是一个比较特殊的产业，其主要的功能是生态功能而不是产品功能，所以完全依赖市场经济方式来自动调节利益的分配是不现实的，必须借助于政府的力量来保证对林业发展参与方利益的补偿。就海南目前林业发展的情况来看，参与林业发展的成员可分为四类，分别是国家或省级自然保护区、村集体或农民、企业和其他利益相关者（林业技术人员、协会等）。在利益分配的方式上，政府通过财政支付的方式，为国家或省级自然保护区提供自然保护区发展的专项资金，或由政府通过生态补偿的方式提供生态补偿资金，用于自然保护区的日常管理、生态恢复和基础设施建设等方面。政府通过补贴的方式，给予退耕还林的农民以补偿，弥补农民土地的损失。政府可以通过生态补偿的方式，对部分林业企业或农业企业因生态修复造成的损失给予补偿。政府通过购买服务的方式，从科研机构、林业技术协会或林业发展公司购买相应的技术服务或种植服务。

#### 8.4.3.2 利益分配机制

利益分配机制根据参与方的利益冲突来进行设计，其中，利益的冲突包括省政府与各市县、乡镇政府间环境保护与经济利益最大化的冲突，保护区域地方村集体和农民间环境与经济的冲突，保护区域利益相关者经济利益方面的冲突，企业与农民间经济利益的冲突，政府和企业在经济、社会和生态发展方面的冲突等。

从政府角度分析，政府应该提供给保护区管理所需的必要资金支持，保护区应保护好森林资源并为所在区域提供良好的森林生态环境。政府通过适当的经济补偿，确保村集体和农民、农林企业对环境的负面影响达到最低程度。政府通过对利益相关者生产活动的控制，提高森林资源的保护水平，协调好生态与经济社会的关系。

从经营者角度分析，经营者包括企业、村集体和农民。经营者往往是为了获取最大的经济收益。无论是企业还是村集体农民，在环境资源保护的前提条件下，可以利用发展林下经济或多种经营方式，提高自身的收入水平，缓解环境保护与经济效益之间的矛盾。

从环境保护者角度分析，环境保护者应以自然保护区为主。自然保护区的主要职能是对森林资源和环境的保护。在资金的使用方面，环境保护者除了可以争取更多的财政资金外，还可以适当利用现有的自然资源，采取特许经营或完善种质资源开发及惠益分享制度，在经济收益上与企业或乡镇集体农民共享，形成协调统一的利益。

从林业技术服务者角度分析，他们可提供林业发展或环境保护的各项技术，提升林业发展的技术水平，以更好地维持环境资源的稳定性。

总之，要从不同参与成员的角度出发，根据他们利益的导向建立起合适的利益分配机制，协调好林业发展参与者的各种利益，才能够促进经济、社会和生态整体效益的协调发展。

## 8.4.4　合作机制

合作机制表现为政府、自然保护区、农林企业、村集体和农民等在土地资源的利用、资金的使用、技术的运用以及其他要素的使用等领域的合作。其目的是在市场机制和合作机制的共同作用下，最大程度地发挥资源、资金和要素的使用效率，提高林业经营发展水平，推动经济、社会和生态的协调发展。在总结我国林业发展合作经验和教训的基础上，合作机制的构建应从以下两个方面进行。

### 8.4.4.1　构建多层次、多样化的合作体系

根据海南森林资源和林业特点以及森林内在的结构特性，可建立多层次、多样化的合作体系。建立以国家级自然保护区和森林经营者为核心的，以政府、科研机构、村集体农民为补充的多层次、多样化的合作体系。具体包括：一是从合作主体上来看，分别应建立政府和企业的合作机制、企业间的合作机制、企业和村集体农民的合作机制以及政府和其他服务型机构的合作机制。其中，政府和企业间的合作可以从林业发展的基础设施建设、林产品加工业的建设、林产品贸易等方面进行合作；企业与村集体可以在土地资源的开发利用、农民的就业等方面进行合作；政府与其他服务型机构可以从技术的开发、林业技术的推广和生态环境的治理等方面进行合作。二是从合作内容上看，应建立产业发展合作机制、资源开发利用合作机制、技术利用合作机制、生态环境治理合作机制等，其中产业发展、生态环境治理、资源开发利用是合作机制的主体。

### 8.4.4.2　合作制度的建设

为了保证合作体系的规范性和有效性，必须在合作体系建设的基础上

通过制度的建设进行保障，防止合作的短期或投机行为，按照合作的具体原则来落实。合作制度必须依据自愿原则来建立，不能与国家或省经济社会和生态发展的法律相矛盾。合作制度的建设要根据海南的实际状况，合作制度应围绕目前的重点领域进行建设。一是围绕与农民之间合作制度的建设。海南对森林资源影响最大的是农民，农民为了提高收入种植经济作物而不断蚕食天然林，是天然林遭受破坏的关键原因。通过与农民合作的建立，最大程度降低森林资源的损耗，有利于协调发展的顺利进行。二是跟农业企业之间合作制度的建设。以海南农垦为龙头的农业企业对林业发展有绝对性的影响，合作制度的建立，有利于林业发展整体水平的提高。除此之外，还要建立科研院所关于技术方面的合作制度，与工业企业建立产业合作制度等。

### 8.4.5 援助机制

从功能上看，森林的生态功能要远远大于经济功能，这就导致森林系统要依靠自身的经济功能来实现森林系统的发展是不现实的，所以在经济、社会和生态的协调发展中，必须建立援助机制，进而对森林在经济和生态功能的平衡方面形成推力。援助机制的建立包括政策扶持机制和生态补偿机制两个方面。

#### 8.4.5.1 政策扶持机制

政策扶持机制主要借助于财政转移支付、拨款、减免税收和低息或无息贷款等经济手段，对弱势产业、特殊产业或经济发展落后的地区实施帮助。自改革开放以来，我国一直对弱势产业都有扶持，而且扶持的力度在逐年上升。林业产业的发展有其特殊性，有经济上的弱势性，同时也有生态上的特殊性，所以林业产业一直是我国政策扶持的重点。

目前来看，在对林业发展的扶持上，存在中央财政转移支付力度不够的问题，难以满足海南林业发展的需要。应从以下几个方面进行完善：第一，建立以特殊区域林业发展为导向的中央财政转移制度。海南属于热带地区，区域特点明显，动植物种类丰富，生物多样性明显，天然橡胶战略地位显著。国家应该根据这些特性把林业发展作为中央财政转移支付的重点，加大转移支付的力度，增强林业在经济上发展的效果。在纵向转移支付的同时，结合横向转移支付，把两者结合起来。第二，对林业的发展或相关产业实施优惠的税收政策。通过税收的调整鼓励相关产业的发展，从而提高林业发展的效果。第三，地方政府或金融机构对林业的发展实施低息或无息贷款，给予林业发展足够的资金支持，尤其是在生态林或天然林工程方面，通过贷款解决资金不足的问题。

#### 8. 4. 5. 2　建立区域性生态补偿机制

区域性生态补偿机制是生态受益区对生态保护区给予一定的利益补偿，用以弥补生态保护区各种成本与费用的支出。生态补偿机制实现了区域间利益的重新分配，对经济与环境间的协调发展是一种较好的运行模式。

海南是一个独立的岛屿，且生态受益区与生态保护区也存在明确的界限，建立区域性的生态补偿机制具有较好的条件。建立区域性生态补偿机制还需要注意以下几个问题：一是选择生态补偿的方式。生态补偿的方式应该采取政府补偿，目前我国生态补偿交易市场还不成熟，关于生态补偿的市场意识还没有形成，所以还要借助于政府的强制力量才能够实现。政府生态补偿的流程、原则还需要不断完善。二是确定生态补偿的原则，包括受益区付费原则、保护区补偿原则、公平原则等。三是确立合适的补偿标准和依据。补偿的标准和依据实际上就是付费的标准和依据，补偿的依据要与保护区各类支出费用一致。

## 8.5 本章小结

本章主要围绕海南森林资源和经济、社会、生态协调发展机制进行研究。首先对经济、社会和生态的协调发展机制的构建原则进行了分析；其次探讨了协调发展的内在机理，并进一步设计出经济、社会和生态协调发展机制的框架，由治理机制、市场机制、合作机制、利益协调机制和援助机制组成。具体表现在以下三个方面。

（1）构建了协调发展机制的原则，分别为可持续性原则、系统性原则、市场导向原则、开放原则、科学性原则。对协调发展的内在机理进行了分析，提出了经济与生态发展是协调发展的内在核心，社会发展是协调发展的外延，经济、社会和生态在协调发展中相互制约三种内在特定关系。

（2）设计了经济、社会和生态协调发展机制模型，模型包括治理机制、市场机制、合作机制、利益分配机制和援助机制。其中，治理机制对其他四个机制起引领作用，市场机制和利益分配机制起主导作用，合作机制和援助机制起辅助作用。协调发展机制模型呈金字塔形，其功能是实现经济、社会和生态的整体协调。

（3）分别对治理机制、市场机制、合作机制、利益分配机制和援助机制进行了分析。治理机制表现为由政府对经济、社会和生态的一种宏观调控行为，通过对职能和机构的设置、制度的规范才能实现。市场机制是通过市场经济中的价格、供求和竞争来调节资源和要素流动，从而实现协调性。合作机制通过确定合作原则、构建多层次多样化合作体系和建立合作制度来实现。援助机制包括政策扶持机制和建立区域性生态补偿机制。

# 第9章 结论与政策建议

本书以资源价值理论、森林可持续发展理论、协调发展和制度创新理论为研究基础，把海南森林资源动态分析与经济、社会和生态协调发展相结合，并以此提出了协调发展机制的构建，以此为研究的基本思路。从海南热带森林资源现状与结构变动出发，通过对森林资源变动下经济、社会和生态协调发展的影响因素及演化机理的分析，利用灰色关联度模型、林地利用结构熵和序关系分析方法构建了一个完整的评价指标体系，在确定权重的基础上，确定经济、社会和生态间的协调度。根据相对值的思想，利用数据网络分析和不确定性分析方法计算发展度和协调发展度，进一步对协调发展的关键影响因素进行分析，并在此基础上提出了适合海南经济、社会和生态协调发展的运行机制。

## 9.1 主要结论

（1）对海南热带森林资源的发展状况进行了全面的阐述。依据国家和海南森林资源二类调查的数据，对森林资源各个时期的动态变化以及森林资源在管理中存在的问题逐一进行了分析。分析了海南森林资源目前所产生的生态、经济和社会效益，其中：生态效益主要表现为涵养水源、保育土壤、净化环境和固碳制氧等作用；经济效益较直接，林产品收益为1483773.52万元；社会效益带动了造纸业和板材业等产业的发展，带动了50多万人就业。近10年来，海南提高了对林业发展的重视力度，增加了对林业的投资，林地面积和各林种都明显增加，森林覆盖率有了明显的提高，森林生态环境有了明显的改善，森林资源面积进一步增加，结构趋于完善。

（2）对协调发展的特征、影响因素和演化机理等进行了深入分析。在海南热带森林资源变化的状态下，通过对区域经济、社会和生态协调发展的过程及各自的作用关系可以看出其具有复杂性、层次性、动态性和不确定性四个方面的特征。在经济、社会和生态协调发展过程中，其协调与发展程度受到资源生态与社会经济复合系统的自组织因素和他组织因素的共同影响，指出自组织因素包含自然因素、区域因素和结构因素，他组织因素包含政策法律因素、市场因素和社会人文因素。在协调发展演化的机理方面，主要表现为森林生态与经济的协调发展演化、森林生态与社会的协调发展演化及经济与社会的协调发展演化。通过对协调演化机理的分析，揭示了海南热带森林资源生态、经济和社会协调发展的演化轨迹，是从协调衰退型到经济主导型再到协调发展型，这种演化轨迹是森林资源生态、经济与社会发展共同作用的结果。

（3）对海南森林资源变动下经济、社会和生态的协调度进行表征。以森林资源变动为条件，以经济、社会和生态为目标，利用林地利用结构熵和灰色关联度模型对指标进行筛选，建立了三层 20 个指标协调度指标体系，采用序关系分析方法，对各级评价指标体系的权重进行赋权。在对海南经济、社会和生态的原始值进行了无量纲化处理后形成标准值，测算经济、社会和生态发展的综合指数，并通过协调度模型对海南经济、社会和生态间的协调度进行评估。由结果可知，海南经济和社会综合发展水平不高，生态发展水平较高，经济、社会和生态的平均发展指数分别为 0. 1849、0. 1733 和 0. 2922。三者都具有上升的趋势，但上升幅度各有差别，其中，社会和生态发展指数上升趋势较经济更加稳定，没有较明显的波动；而经济效益波动较明显，表现较为突出的年份是 1998 年和 2009 年。在系统两两协调度方面，1993—2015 年，除了 1998 年，经济与社会、经济与生态和社会与生态间的协调度整体较高。其中，经济与社会间的协调度除了1998年为0.7275，其他年份都在0.9以上，达到了优良协调；经济与生态的协调度除1998年外，都为优良协调；社会与生态间的协调度，除1998年、2003年、2008年、2009年和2010年为一般协调外，其余年份都为优良协调。由此可见，海南经济、社会和生态各系统间的协调度水平整体很高。三者间的总协调度水平偏低，而且波动幅度较大，协调度呈先下降后上升再稳定最后再缓慢下降的趋势。1998年和2003年总协调度分别为0.2259和0.3969，形成了失调状态。从2008年起，协调度逐渐上升为一般协调和优良协调状态。

（4）对森林资源变动状况下海南经济、社会和生态的发展度及协调发展度进行表征。以经济、社会和生态各状态的现实值与理想值之间的相对量来反映发展水平。利用DEA的$C^2R$模型，以森林资源的变动为输入，经济、社会和生态为输出，建立输入和输出系统，对输入和输出系统建立有效生产前沿面并进行投影分析，求出的决策单元输出指标投影分析调整值则为输出指标的理想值。借助于不确定性分析方法，构建发展度模型，利用现实值和理想值计算各系统的发展度。从结果可以看出，1993—2015年海南经济、社会和生态的发展度整体水平较低，表现为缓慢增长的趋势。1993年的发展度最低，达到0.4338，2014年发展度达到最高值0.6812。以协调度为横轴，发展度为纵轴，连接坐标点围成的面积为协调发展度值，从中可以看出，受到发展度的影响，协调发展度水平较低。从结果可以看出，1993—2015年，协调发展度都低于0.4，其中1998年和2003年低于0.2，为严重失调衰退状态；1993年、2008年和2009年在［0.2，0.4］的区间范围内，呈现为一般失调衰退状态。2010—2015年大于0.4，2010—2013年，协调发展度在［0.4，0.6］这一区间，呈现为勉强协调发展状态；2014和2015年在［0.6，0.8］之间，呈现为一般协调状态。

（5）以海南森林资源变动下经济、社会和生态协调发展的影响因素为研究对象，分析各影响因素之间的关系。利用DEMATEL研究方法，在构建了四大类影响因素13个具体指标，并设计调查问卷由专家对指标之间的影响度进行打分的基础上，计算出影响因素的原因度和中心度，建立坐标系确定各影响因素所在的象限位置，根据各因素所处的不同区域进行深入的分析。由此可见，国际旅游岛战略、森林资源保护和补贴政策以及森林法的实施效果为关键驱动因素，区位条件、居民受教育程度、林业经营者数量和交易市场的完善程度为次关键因素，自然条件、森林资源状况、经济发展水平、热带经济林发展和林业投资水平属于被影响因素。

（6）在影响因素分析基础上，根据协调发展的设计原则和内在机理，设计了经济、社会和生态协调发展机制，包括治理机制、市场机制、合作机制、利益分配机制和援助机制。其中，治理机制对其他四个机制起引领作用，对政府宏观调控行为、市场机制和利益分配机制起主导作用；合作机制和援助机制发挥着辅助作用。协调发展机制模型呈金字塔形，其功能是实现经济、社会和生态的整体协调。协调发展是海南经济社会稳定发展的基础，也是可持续发展的必要条件，必须依赖森林资源和森林生态环境。协调发展机制的构建是实现协调发展的保障，只有协调机制共同发挥作用，才能保证经济、社会和生态发展的统一性。

## 9.2 政策建议

### 9.2.1 通过倡导绿色发展理念，提升经济、社会和生态协调发展水平

绿色发展是当前经济社会发展的最好方式，不注重生态和环境保护的经济发展，是难以实现可持续性发展的，生态系统的恶化最终会对经济和社会发展产生负面的影响。要从本质上提升经济、社会和生态协调发展水平，必须树立和提倡绿色发展理念，注重自然和社会发展的和谐，形成经

济、社会和生态三位一体的新型发展道路。在深层次上要注意两个问题：一是要注重对海南热带天然林资源和海防林资源的保护，注重生态监测体系的完善，注重生态环境保护率，注重森林资源修复率。二是注重经济发展方式，改变海南当前以资源和环境换取经济增长的方式，构筑经济集约化增长的模式，转变产业结构，防止地方市县经济过度依赖房地产开发，均衡实现十二大重点产业。

### 9.2.2　不断完善协调发展机制，提升经济、社会和生态协调发展水平

协调发展机制的构建对保障经济、社会和生态的协调起着关键作用，第 8 章对协调发展机制的建立进行了分析，它由治理机制、市场机制、合作机制、利益分配机制和援助机制共同组建而成。该机制首先能从宏观层面制定有利于海南经济、社会和生态协调发展的相关战略以及配套政策制度，设立相应的机构服务经济、社会和生态各个领域，通过其有效运行来保证三者间的平衡。其次，从中观层面依据市场的作用对资源进行有效的配置，尤其是对海南生态环境影响最大的森林资源的配置，依据合作机制在制定相应制度的基础上，构建多样化的合作体系和方式，促使政府、企业和相关群体之间形成良好的合作关系。最后，从微观层面建立完善的利益分配方式，处理好各利益群体的利益诉求。利益分配的核心是经济利益，这需要处理好各级政府的利益关系、农民与村镇集体的利益关系、政府和企业的利益关系，只有对这些利益关系加以明确才能有效遏制因为利益分配不均导致的森林资源破坏和生态环境恶化等问题。对于利益分配难以解决的问题可以通过援助方式进行弥补。只有不断完善协调发展机制，有效运用好治理、市场、合作、利益和援助等机制的作用，才能不断提升经济、社会和生态协调发展水平。

### 9.2.3 通过提高岛屿的承载能力，提升经济、社会和生态协调发展水平

承载能力包含的内容较为丰富，它涉及经济承载力、社会承载力、环境资源承载力，其中影响经济、社会和生态协调发展的最重要因素是环境资源承载力。经济承载力和社会承载力可以在人为干预下快速改变，而环境资源承载力一旦破坏，就难以在短期内进行恢复。海南为岛屿型省份，相对于其他内陆省份，岛屿的承载能力相对要低。这就需要从以下几个方面改进：一是继续深化“多规合一”的改革措施。中央对海南的“多规合一”措施所取得的成绩进行了肯定，它促进了海南国民经济和社会发展规划、城乡规划、土地利用规划、生态环境保护规划等方面有效的融合，有效解决了规划自成体系、缺乏衔接及内部冲突等问题，从而提高了承载能力。二是集约利用资源并提高生态环境的质量。经济、社会和生态的协调发展必须以生态环境稳定为基础，而森林资源稳定是生态环境稳定的首要条件，必须坚持集约利用森林资源，减少各类资源消耗，加强岛屿绿化，尤其是对城镇周边的林地、植被及绿地进行保护，降低对生态环境的破坏，提高岛屿的环境资源承载能力。三是通过推进产业发展，围绕海南十二大重点产业，形成特有的产业体系，提升经济发展水平。同时，加大海南基础设施建设，加大对城市及乡村道路、水电气设施、公共医疗、居民住房等方面的建设，最大限度地满足居民生活的需要，从而提高经济和社会承载能力，提升经济、社会和生态协调发展水平。

### 9.2.4 推进岛屿一体化建设，提升经济、社会和生态协调发展水平

通过实施区域协调发展战略，形成东西南北中区域发展格局，形成城市一体化建设，把海南作为一个大城市来进行规划。形成“海澄文”一体化综合经济圈、“大三亚”旅游经济圈、中部四县市核心生态经济圈、琼

海经济圈和儋州经济圈，发挥海口、三亚南北两极的辐射带动作用，促进城市一体化的形成，需要在以下几个方面推进：一是要推进城市一体化规划，在此基础上进行产业布局，并完善公共服务设施，形成有利于资源流动的制度环境，推进户籍制度、社会保障制度、土地制度的改革；二是要提高人口城镇化率，以服务人口而不是服务行政区划来配置公共资源，实现城乡人口社会福利均等化；三是推进基础设施建设，在完善“五网”基础设施的基础上，继续推进交通网络建设，形成全岛四通八达的交通格局，加快海南岛信息化建设，形成信息智能岛，并不断推进水网、电网和用气建设，普及全岛。以城市一体化建设为指引，通过规划设计和基础设施建设，从而为提升经济、社会和生态协调发展提供支撑。

### 9.2.5　通过森林资源的结构优化和布局，促进经济、社会和生态更好地协调发展

依据6.5节中方案优化的结果对森林资源结构进行调整，使林种结构优化符合海南经济社会发展的方向，与所提倡的绿色发展理念相一致，适应生态省建设的发展需要。继续实施海防林工程，加大防护林建设，使防护林面积有较大幅度的增加。加强森林资源保护，不断扩大造林面积，突出生态功能。适当增加经济作为的造林面积，增加橡胶、桉树、槟榔和椰子等热带经济作物的种植面积。减少用材林和特用林的比重，完善林业资源的结构比例。在林种结构调整的同时，继续促进林龄结构的调整，通过对成熟林和过熟林的限制采伐，缩小幼林龄和中林龄的比重，增加成熟林和过熟林比重。注重森林资源调整的区域分布。在保证东部和南部区域森林资源结构平衡的基础上，考虑到生态的需要，在林种结构方面应该侧重于防护林建设。北部地区近几年受台风影响也较大，应增加防风林建设。中部地区，由于是山区，可以实行防风林和经济林的同步发展，合理布局，在保证防风固土、涵养水源的基础上，增加中部地区的林业产值；西部地区地势较为平坦，受台风影响较小，人口也较为密集，适合发展经济

林，维持现有橡胶、桉树等经济作物的种植面积，保证各林种结构的合理比例。

综上所述，本书在海南森林资源变动的分析基础上，明确了森林资源变动与经济、社会、生态的内在关系，不仅对森林资源动态及其结构进行了分析，而且对其外延做了很大的扩展，把森林资源变动与区域的经济社会发展进行了有机结合，分别对区域森林资源变动下的经济社会发展的协调度和协调发展度进行表征，通过定量分析确定协调发展的关键性影响因素，建立了协调发展机制并提出了建议。要推进海南国际旅游岛战略实施以及生态省建设，必须建立在森林资源合理利用基础上，这样才能实现森林资源动态变化与经济、社会和生态发展的良性循环和协调统一。

# 参考文献

[1] 张卫民．森林资源资产价格及评价方法研究［D］．北京：北京林业大学，2010：4-6.

[2] Kenneth G MacDicken. Global Forest Resources Assessment 2015: What, Why and How? [J]. Forest Ecology and Management, 2015, 352 (7): 3-8.

[3] Fu Yu, Shen Junyi, Feng Zhonghui, et al. An Intelligent Agency Framework to Realize Adaptive System Management [J]. International Journal of Plant Engineering and Management , 2007 (1): 32-34.

[4] Zonneveld I S, Forman R T T. Changing Landscapes: An Ecological Perpective [M]. New York: Springer-Verlag, 1990: 261-278.

[5] Maini J S. Sustainable Development and the Canadian Forest Sector [J]. Forestry Chronicle, 1990, 66 (4): 346-349.

[6] Pearce D W, Warfird J J. World Without End: Economics, Environment and Sustainable Development [M]. Oxford and New York: Oxford University Press, 1993.

[7] Richard P G, Cordray S M. What Should Forests Sustain? Eight Answers [J]. Journal of Forestry, 1991, 89 (5): 31-36.

[8] Castañeda B E. An Index of Sustainable Economic Welfare (ISEW) for Chile [J]. Ecological Economics, 1999, 28 (2) : 231-244.

[9] Robert B Wallace, Lilian R, Painter E. Phenological Patterns in a Southern Amazonian Tropical Forest: Implications for Sustainable Management

[J] . Forest Ecology and Management, 2002, 160 (1/2/3): 19-33.

[10] Patrick Bottazzi, Andrea Cattaneo, David Crespo Rocha, et al. Assessing Sustainable Forest Management under REDD +: A Community-based Labour Perspective [J] . Ecological Economics, 2013 (93): 94-103.

[11] Robert J Luxmoore, William W Hargrove, Lynn Tharp M, et al. Addressing Multi-use Issues in Sustainable Forest Management with Signal-transfer Modeling Forest [J] . Ecology and Management, 2002, 165 (1/2/3): 29 5-304.

[12] Nuria Muñiz-Miret, Robert Vamos, Mario Hiraoka, et al. The Economic Value of Managing the Açaí Palm (Euterpe Oleracea Mart.) in the Floodplains of the Amazon Estuary, Pará, Brazil [J]. Forest Ecology and Management, 1996, 87 (1/2/3): 163-173.

[13] Pearce D W. The Economic Value of Forest Ecosystem [J]. Ecosystem Health, 2001, 7 (4): 284-286.

[14] Pearce D W, Pearce C G. The Value of Forest Ecosystems [J] . Secretariat of the Convention on Biological Diversity, 2001, 67: 45-53.

[15] Raul Brey, Pere Riera, Joan Mogas. Estimation of Forest Values Using Choice Modeling: An application to Spanish Forests [J]. Ecological Economics, 2007, 64 (2): 305-312.

[16] Ninan K N, Makoto Inoue. Valuing Forest Ecosystem Services: What We Know and What We Don't [J]. Ecological Economics, 2013 (93): 137-149.

[17] Boulding K E. Ecodynics: A Response by the Author [J]. Journal of Social and Biological Structures, 1981, 4 (2): 187-194.

[18] Franklin J F. Toward a New Forestry [J] . American Forestry, 1998 (95): 37-45.

[19] James K, Agee A, Carl N, et al. Basic Principles of Forest Fuel

Reduction Treatments [J]. Forest Ecology and Management, 2005, 211 (1/2): 83-89.

[20] Johnson D W, Ball J T. Interactions Between $CO_2$ and Nitrogen in Forests: Can We Extrapolate from the Seedling to the Stand Level? [J]. Elsevier, 1996: 283-297.

[21] Boulding K E. The Economics of the Coming Spaceship Earth [M]. Jarrett H. Environmental Quality in a Growing Economy. Baltimore, MD, USA: Johns Hopkins Universtiy Press, 1966: 3-14.

[22] Mishan E J. The Costs of Economic Growth [M]. London: Staples Press, 1969: 407.

[23] Schumacher E J. Small Is Beautiful: Economics as if People Mattered [M]. London: Blond &Briggs, 1973: 56-68.

[24] Norgaard R B. Economic Indicators of Resource Scarcity: A Critical Essay [J]. Journal of Environment Economics and Management, 1990, 19 (1): 19-25.

[25] 吴延熊．区域森林资源综合评价发生的背景探讨 [J]．中南林业调查规划，1998 (3): 42-45.

[26] 罗明灿，马焕成．区域森林资源可持续发展综合评价研究 [J]. 四川林勘设计，1999 (2): 25-33.

[27] 赵艳蕊．中国森林资源可持续发展综合评价研究 [D]. 杨凌: 西北农林科技大学，2013: 10-16.

[28] 郭峰．北沟林场森林资源可持续性评价研究 [D]. 北京: 北京林业大学，2013: 23-32.

[29] 杨加猛，张智光．江苏省森林资源—环境—经济复合系统可持续发展评价 [J]. 农业系统科学与综合研究，2006 (4): 296-299, 303.

[30] 马玉秋．黑龙江省国有林区森林资源—环境—经济复合系统可

持续发展评价［J］. 东北林业大学学报，2015（6）：143-148.

［31］马凯. 区域森林资源可持续水平评价系统研建［D］. 长沙：中南林学院，2004：36-38.

［32］崔世莹，苏喜友. 森林资源可持续性评价系统的研究［J］. 西部林业科学，2004（2）：89-93.

［33］邢美华，黄光体，张俊飚. 基于灰色系统方法的湖北省森林资源可持续性评价［J］. 林业调查规划，2008，32（2）：52-57.

［34］刘华，聂骁文. 小良森林资源可持续发展的三级模糊综合评价［J］. 茂名学院学报，2009（6）：7-12.

［35］崔国发，邢韶华，姬文元，等. 森林资源可持续状况评价方法［J］. 生态学报，2011（19）：5524-5530.

［36］杜广民，谢寿安，熊毅. 西安市城市森林资源评价分析与可持续发展研究［J］. 陕西林业科技，2008（1）：23-27，46.

［37］李宝银，江正铨. 福建省森林资源可持续发展评价指标体系的研究［J］. 林业勘察设计，2003（2）：1-5.

［38］王雄. 赤峰市森林资源—环境—经济复合系统可持续发展动态评价及预警［D］. 呼和浩特：内蒙古农业大学，2007：23-26.

［39］段庆锋，赵天忠. 区域森林资源可持续发展评价指标体系浅谈［J］. 林业资源管理，2004（3）：56-58.

［40］程建银. 评价森林资源结构的指标：平衡率［J］. 林业资源管理，1987（4）：45-48.

［41］韦启忠，曾伟生. 广西森林资源结构的动态预测及分析评价［J］. 中南林业调查规划，1999（2）：8-10，18.

［42］范文义，白新源，冯欣，等. 哈尔滨热岛效应与植被指数关系的动态分析［J］. 东北林业大学学报，2009，37（6）：27-29，50.

［43］朱丽华，王海南，李学友，等. 临江林业局森林资源结构动态

分析与经营对策［J］. 森林工程，2011（6）：10-15.

［44］霍再强，顾凯平. 基于吉尼系数原理的森林资源分布非均衡性评价模型与实证研究［J］. 林业经济问题，2006（5）：413-416.

［45］聂华. 也谈森林资源分布非均衡性评价：兼与霍再强同志商榷［J］. 林业经济问题，2007（5）：403-405，411.

［46］蔡珍. 森林资源分布状况评价指标研究［D］. 北京：北京林业大学，2008：89-96.

［47］黄和平，朱建新. 基于基尼系数的森林资源分布评价：以鄱阳湖生态经济区为例［J］. 江西林业科技，2012（5）：56-60.

［48］金大刚，李明.1977—2005 年广西森林资源变化动态评价［J］. 广西林业科学，2007（4）：181-186.

［49］罗扬，林风华. 贵州省天保工程区森林资源变化评价［J］. 贵州林业科技，2008（3）：1-6，12.

［50］李双龙. 恩施州森林资源动态变化和服务功能评价及林业发展探讨［D］. 武汉：华中农业大学，2010：6-13.

［51］李利伟，王威，党永峰，等. 三峡库区森林资源动态评价［J］. 吉林林业科技，2014（5）：23-27.

［52］中国世纪议程编制领导小组. 中国 21 世纪议程：中国 21 世纪人口、环境与发展白皮书［M］. 北京：中国环境科学出版社，1994：36-38.

［53］廖重斌. 环境与经济协调发展的定量评判及其分类体系：以珠江三角洲城市群为例［J］. 广州环境科学，1996，11（1）：12-16.

［54］顾培亮. 系统分析与协调［M］. 天津：天津大学出版社，1998.

［55］郑振华，刘俊昌. 天保地区森林资源保护与社会经济协调发展的资金投入机制研究［J］. 北京林业管理干部学院学报，2004（3）：42-45，37.

［56］沈月琴，刘俊昌，李兰英，等. 天然林保护地区森林资源保护与社会经济协调发展的机制研究［J］. 浙江林学院学报，2006（2）：115-121.

[57] 桂金玉，邓旋．森林资源保护与区域经济协调发展的研究 [J]．湖南林业，2008 (10)：14-15.

[58] 杜灿．新泰市森林资源保护与区域经济协调发展研究 [D]．泰安：山东农业大学，2014.

[59] 陶冶，苏世伟．关于森林资源—社会经济复合大系统协调发展的探讨 [J]．林业经济，2001 (2)：43-45.

[60] 刘铁铎．吉林省森林资源可持续利用与经济社会协调发展研究 [D]．长春：吉林农业大学，2015.

[61] 郑丽娟，万志芳．森林经营系统协调发展评价研究：以黑龙江省森工林区为例 [J]．林业经济问题，2015，35 (2)：103-108，154.

[62] 钱震元．贵州森林生态建设与人口、粮食协调发展的战略研究 [J]．生态经济，1991 (4)：32-37.

[63] 姜东民，包雪峰．论森林生态环境系统与社会经济系统协调发展 [J]．内蒙古林业科技，2000 (2)：12-15.

[64] 刘菊秋，王美鸥．基于 SWOT 分析的上营森林经营局森林生态旅游协调发展的研究 [J]．吉林林业科技，2012，41 (3)：36-38，50.

[65] 杨信礼．科学发展观研究 [M]．北京：人民出版社，2007：15-23.

[66] 程天权．科学发展观研究 [M]．北京：中国人民大学出版社，2009：26-39.

[67] 吴怀友，刘建武．论科学发展观的科学性 [J]．马克思主义研究，2008 (10)：21-29.

[68] 黄宗良．为什么说科学发展观是“科学的” [J]．当代世界与社会主义，2012 (6)：8-10.

[69] 曾培炎．树立和落实科学发展观　实现全面协调可持续发展 [J]．求是，2004 (18)：11-16.

[70] 胡长顺. 科学发展观与统筹区域协调发展 [J]. 农业经济问题, 2004 (4): 8-12, 79.

[71] 杜鹰. 深入学习实践科学发展观 全面推进区域协调发展 [J]. 宏观经济管理, 2009 (2): 7-11.

[72] 庞元正. 对“协调发展”的正确解读 [J]. 决策探索 (下半月), 2012 (9): 14-15.

[73] 武力. 经济新常态下的新发展理念和内涵: 学习十八届五中全会精神的几点体会 [J]. 中共党史研究, 2015 (11): 21-25.

[74] 顾海良. 新发展理念与当代中国马克思主义经济学的意蕴 [J]. 中国高校社会科学, 2016 (1): 4-7.

[75] 李万春, 袁久红. 新发展理念对中国特色社会主义道路的新拓展: 以江苏践行新发展理念为例 [J]. 江苏社会科学, 2017 (3): 259-265.

[76] 魏传光. 新发展理念的整体性哲学思考: 精神、立场与范式 [J]. 求是, 2017 (3): 16-25.

[77] 杨继瑞. 新发展理念的经济学解析与思考: 基于社会主义基本经济规律的视角 [J]. 中国高校社会科学, 2017 (2): 27-35.

[78] 王先俊, 江巍. 习近平全面深化改革论述中的战略思维 [J]. 社会主义研究, 2016 (1): 1-7.

[79] 白春礼. 科技体制改革是全面深化改革的重要任务 [J]. 中国科学院院刊, 2014, 29 (1): 13-16.

[80] 贾高建. 深刻认识全面深化改革的整体性要求: 马克思主义哲学的方法论视角 [J]. 马克思主义与现实, 2014 (1): 1-4.

[81] 张文树. 关于全面深化改革的哲学透视 [J]. 西安建筑科技大学学报 (社会科学版), 2015, 34 (1): 16-20.

[82] 金社平. 全面深化改革三年了 [N]. 人民日报, 2016-11-14

(001).

[83] 杨春贵. 全面深化改革必须坚持正确的方法论 [N]. 人民日报, 2014-03-25 (007).

[84] 董德福, 沈辰辰. 全面深化改革方法的哲学向度: 学习习近平关于全面深化改革的系列论述 [J]. 探索, 2015 (2): 10-16.

[85] 中共中央文献研究室《中国特色社会主义经济发展道路》课题组, 石建国. 习近平关于全面深化改革重要论述的几个要义 [J]. 党的文献, 2015 (2): 14-20.

[86] 汪雪堂. 东南亚的热带森林资源及其评价 [J]. 辽宁师范大学学报 (自然科学版), 1985 (4): 35-40.

[87] 刘宏茂, 许再富. 云南热带森林资源的利用方法及其发展 [J]. 自然资源, 1996 (3): 63-66.

[88] 于伟苏. 海南热带森林资源保护利用和发展展望 [J]. 今日海南, 2001 (2): 22-23.

[89] 李意德. 热带森林资源及其生态环境保护功能 [J]. 热带林业, 2002 (1): 13-20.

[90] 王献溥, 于顺利, 李单凤. 海南省五指山保护区的保护价值和有效管理 [J]. 北京农业, 2015 (36): 187-190.

[91] 姜恩来, 张颖, 曹克瑜. 海南省森林资源的价值评价 [J]. 绿色中国, 2004 (1): 44-47.

[92] 韩剑准. 海南森林的生态功能与绿色 GDP [J]. 热带林业, 2004 (2): 9-12, 15.

[93] 黄金城. 中国海南岛热带森林可持续经营研究 [D]. 北京: 中国林业科学研究院, 2006: 6-28.

[94] 陈毅青. 海南森林旅游资源评价 [J]. 热带林业, 2007(3): 45-48.

[95] 薛杨, 王小燕, 林之盼, 等. 海南省公益林生态系统服务功能

及其价值评估研究［J］. 生态科学，2012，31（1）：36-42.

［96］Richards P W. The Tropical Rain Forest：An Ecological Study［M］. Cambridge，London：Cambridge University Press，1996.

［97］亢新刚. 森林资源经营管理［M］. 北京：中国林业出版社，2001：50-86.

［98］Ken Mariya，于东苓. 联合国环境与发展大会的背景材料［J］. 世界环境，1992（4）：12-15.

［99］张建国. 论现代林业［J］. 世界林业研究，1997（4）：2-10.

［100］徐国祯. 系统辩证思维对森林和林业的再认识、再定位［J］. 系统辩证学学报，1999（4）：41-43，47.

［101］江泽慧. 现代林业理论与生态良好途径［J］. 世界林业研究，2001（6）：1-7.

［102］张嘉宾. 系统林学导论［J］. 云南林业调查规划，1992（3）：30-38.

［103］殷鸣放，仲庆林，张才. 关于现代林业思想内涵的思考［J］. 林业资源管理，2002（2）：13-16，25.

［104］胡彩华. 试析现代林业的思想内涵［J］. 中国林业，2003（20）：31.

［105］蒋敏元，王兆君. 以现代林业理论指导林业跨越式发展［J］. 世界林业研究，2003，16（1）：31-35.

［106］王维国. 协调发展的理论与方法研究［D］. 大连：东北财经大学，1998：15-36.

［107］陈静，曾珍香. 社会、经济、资源、环境协调发展评价模型研究［J］. 科学管理研究，2004（3）：9-12.

［108］李胜芬，刘斐. 资源环境与社会经济协调发展探析［J］. 地域研究与开发，2002（1）：78-80.

[109] 于源，黄征学．区域协调发展内涵及特征辨析［J］. 中国财政，2016（13）：56-57.

[110] 曾坤生．论区域经济动态协调发展［J］. 中国软科学，2000（4）：120-125.

[111] 李具恒．广义梯度理论：区域经济协调发展的新视角［J］. 社会科学研究，2004（6）：21-25.

[112] 刘安国，张越，张英奎．新经济地理学扩展视角下的区域协调发展理论研究：综述与展望［J］. 经济问题探索，2014（11）：184-190.

[113] 赵德林，朱万才，景向欣．森林可持续经营概述［J］. 林业科技情报，2006（4）：10-11.

[114] 熊彼特．熊彼特：经济发展理论［M］. 邹建平，译．北京：中国画报出版社，2012：6-20.

[115] 兰斯 E 戴维斯，道格拉斯 C 诺斯．制度变迁与美国经济增长［M］. 张志华，译．上海：格致出版社，2018：1-3.

[116] 海南统计局，国家统计局海南企业调查总队．2015 年海南省国民经济和社会发展统计公报［M］. 北京：中国统计出版社，2015：1-7.

[117] 陈建忠，程金良，肖应忠，等．森林资源结构动态预测与控制研究［J］. 中南林业调查规划，1993（2）：13-16，41.

[118] 丁长春．海南热带天然林资源变迁及原因浅析［J］. 中南林业调查规划，1996（2）：33-35.

[119] 刘文斌．新中国经济与社会协调发展演化路径及其启示［J］. 探索，2012（3）：101-104.

[120] 徐艳飞，武友德，和瑞芳，等．边疆民族省份区域系统协调时空格局及发展机制：以云南省为例［J］. 经济地理，2010，30（9）：1428-1434.

[121] 李秀娟．吉林省国有林区经济社会环境系统协调发展评价研究

[D]. 北京：北京林业大学，2008：36-45.

[122] 余游，蔡庆. 经济与环境协调度评价方法研究与应用进展[J]. 科学咨询（科技·管理），2012（7）：81-82.

[123] 雷仲敏，李宁. 城市能源—经济—环境（3E）协调度评价比较研究：以山东省17个城市为例[J]. 青岛科技大学学报（社会科学版），2016（4）：1-8，64.

[124] 孙玉峰，孙艳霞. 山东省经济、能源、环境系统协调度评价研究[J]. 山东工商学院学报，2016（5）：27-32.

[125] 陈荣蓉，宋光煜，信桂新，等. 土地利用结构熵特征与社会经济发展关联分析：以重庆市荣昌县为例[J]. 西南大学学报（自然科学版），2008，30（7）：138-144.

[126] 孔雪松，刘艳芳，谭传凤. 嘉鱼县土地利用结构与效益变化的耦合效应分析[J]. 资源科学，2009，31（7）：1095-1101.

[127] 李国良，付强，孙勇，等. 基于熵权的灰色关联分析模型及其应用[J]. 水资源与水工程学报，2006（6）：15-18.

[128] 刘思峰，蔡华，杨英杰，等. 灰色关联分析模型研究进展[J]. 系统工程理论与实践，2013，33（8）：2041-2046.

[129] 王学军，郭亚军，兰天. 构造一致性判断矩阵的序关系分析法[J]. 东北大学学报，2006（1）：115-118.

[130] 陈陌，郭亚军，于振明. 改进型序关系分析法及其应用[J]. 系统管理学报，2011，20（3）：352-355.

[131] 李崇明，丁烈云. 小城镇资源环境与社会经济协调发展评价模型及应用研究[J]. 系统工程理论与实践，2004（11）：134-144.

[132] 何芳，张磊. 开发区土地集约利用评价指标理想值的确定：以上海市19个开发区为例[J]. 城市问题，2013（4）：16-21.

[133] 孙东升. 开发区土地集约利用评价中指标理想值的确定[J].

上海国土资源，2014，35（3）：47-49.

［134］赵克勤．集对分析及其初步应用［M］．杭州：浙江科学技术出版社，2000.

［135］陈媛，王文圣，汪嘉杨，等．基于集对分析的城市可持续发展评价［J］．人民黄河，2010，32（1）：11-13.

［136］张延爱．中国工业经济区域协调发展影响因素实证分析［J］．企业经济，2011，30（9）：86-89.

［137］郭敏，倪超军，强始学．新疆区域协调发展影响因素的实证研究［J］．统计与咨询，2012（6）：44-45.

［138］刘桦，杨婷．工业园区能源、经济、环境协调发展影响因素研究［J］．企业经济，2013，32（3）：140-143.

［139］吴国卫．福清市城乡协调发展影响因素及对策研究［D］．福州：福建农林大学，2015：26-33.

［140］王伟，高齐圣．DEMATEL 方法在高校教学设计中的应用［J］．现代教育技术，2009，19（3）：31-33.

［141］刘春，尤完．基于 DEMATEL 方法的营改增对建筑企业发展的影响因素分析［J］．工程管理学报，2016，30（5）：6-11.

［142］马强．DEMATEL 方法的矿山安全管理影响因素［J］．辽宁工程技术大学学报（自然科学版），2014，33（7）：912-916.

［143］辛岭，任爱胜．基于 DEMATEL 方法的农产品质量安全影响因素分析［J］．科技与经济，2009，22（4）：65-68.

［144］赵娟，史文兵，穆兴民．基于 DEMATEL 方法的水资源承载力影响因素分析［J］．生态经济（中文版），2015，31（9）：166-169.

［145］高沛然，卢新元．基于区间数的拓展 DEMATEL 方法及其应用研究［J］．运筹与管理，2014，23（1）：44-50.

［146］金卫健，胡汉辉．模糊 DEMATEL 方法的拓展应用［J］．统计

与决策，2011（23）：170-171.

［147］覃成林．区域协调发展机制体系研究［J］．经济学家，2011（4）：63-70.

［148］范柏乃，张电电．推进经济社会协调发展：公共政策协调机制构建［J］．贵州社会科学，2014（1）：47-51.

［149］沈月琴．天保地区森林资源保护与经济社会协调发展的机理和模式研究［D］．北京：北京林业大学，2005：87-92.

［150］张健华，余建辉．森林公园环境保护与游客体验管理的协调机制研究［J］．福建农林大学学报（哲学社会科学版），2007（6）：38-42.

［151］党晶晶．黄土丘陵区生态修复的生态—经济—社会协调发展评价研究［D］．杨凌：西北农林科技大学，2014：136-145.

# 附录 A　原始数据

表 A　海南省经济、社会和生态状况数据

| | 1993 年 | 1998 年 | 2003 年 | 2008 年 | 2009 年 | 2010 年 | 2011 年 | 2012 年 | 2013 年 | 2014 年 | 2015 年 |
|---|---|---|---|---|---|---|---|---|---|---|---|
| 人均地区生产总值/万元 | 0.33 | 0.6 | 0.88 | 1.77 | 1.93 | 2.38 | 2.89 | 3.24 | 3.53 | 3.89 | 4.08 |
| 地区财政收入/亿元 | 29.12 | 36.29 | 51.32 | 144.86 | 178.2 | 271 | 340.12 | 409.4 | 481 | 555.3 | 627.7 |
| 人均固定资产投资/万元 | 2472.6 | 2499.6 | 3496.8 | 8199.3 | 11396 | 14859 | 17750 | 23787 | 29985 | 33641.7 | 36839.91 |
| 恩格尔系数/% | 65.6 | 59 | 58.2 | 55.4 | 54.3 | 52.2 | 51.8 | 50.9 | 49.5 | 43.2 | 42.7 |
| 农民人均年收入水平/万元 | 1031 | 2575 | 2588 | 4390 | 4744 | 5275 | 6446 | 7408 | 8343 | 9913 | 10858 |
| 农业总产值/亿元 | 68.4 | 92.5 | 142.2 | 274.03 | 307.57 | 341.67 | 401 | 460.72 | 485.40 | 568.22 | 613.87 |
| 林业总产值/亿元 | 24.73 | 35.11 | 53.33 | 91.62 | 79.62 | 123.8 | 161.44 | 137.9 | 121.2 | 103.89 | 99.23 |
| 林产品加工业产值/亿元 | 12.26 | 23.45 | 39.222 | 61.308 | 56 | 60.9 | 62.146 | 63.9 | 68.43 | 73.15 | 75.63 |
| 林业占 GDP 比重/% | 10.98 | 8 | 7.4696 | 6.0956 | 4.813 | 5.997 | 6.3996 | 4.827 | 3.85 | 2.96 | 2.68 |
| 经济增长率/% | 24.5 | 8.3 | 14.28 | 19.84 | 10.06 | 24.8 | 22.19 | 13.2 | 10.19 | 10.17 | 5.77 |
| 劳动生产率/% | 0.77 | 1.3435 | 1.9814 | 3.6807 | 3.896 | 4.696 | 5.4934 | 5.901 | 6.11 | 6.45 | 6.66 |
| 第一产业比重/% | 34.5 | 37.36 | 34.2 | 29 | 27.9 | 26.1 | 26.1 | 24.9 | 23.39 | 23.1 | 23 |
| 人口自然增长率/% | 15.55 | 12.92 | 9.31 | 8.99 | 8.96 | 8.98 | 8.97 | 8.85 | 8.69 | 8.61 | 8.57 |

续表

| | 1993 年 | 1998 年 | 2003 年 | 2008 年 | 2009 年 | 2010 年 | 2011 年 | 2012 年 | 2013 年 | 2014 年 | 2015 年 |
|---|---|---|---|---|---|---|---|---|---|---|---|
| 农业人口占全部人口比例/% | 77.8 | 61.21 | 72.748 | 61.253 | 61.32 | 61.65 | 61.864 | 62.05 | 62.17 | 66.51 | 66.43 |
| 第一产业从业人员数量/人 | 208.86 | 198.05 | 201.71 | 221.24 | 225.6 | 221.5 | 224.98 | 230.8 | 222.5 | 231.14 | 229.86 |
| 基本养老保险基金结余/亿元 | 120879.7 | 133555.9 | 244321.6 | 512228.2 | 680397 | 731717.3 | 914834.5 | 978676.1 | 1024311 | 1670718 | 2021503 |
| 养老保险人数/人 | 732200 | 807763 | 1167350 | 1561943 | 1680826 | 1808071 | 1998550 | 2141629 | 2314981 | 2423242 | 2498479 |
| 贫困人口占总人口的比重/% | 13.3 | 12.1 | 11.52 | 10.21 | 9.28 | 8.46 | 8.02 | 7.83 | 6.96 | 6.35 | 6.1 |
| 每万人口普通高校在校学生数/% | 15 | 18 | 83 | 159 | 165 | 174 | 179 | 190 | 192 | 200 | 236 |
| R&D 经费支出占地区生产总值比例/% | 0.13 | 0.18 | 0.15 | 0.24 | 0.35 | 0.34 | 0.41 | 0.48 | 0.48 | 0.48 | 0.46 |
| 农林牧渔业技术人员/人 | 2134 | 3303 | 3143 | 3542 | 3449 | 3174 | 2844 | 3159 | 3689 | 3607 | 3562 |
| 人均森林面积/(公顷/人) | 0.15 | 0.18 | 0.21 | 0.2 | 0.2 | 0.2 | 0.19 | 0.19 | 0.21 | 0.23 | 0.23 |
| 工业废气排放/立方米 | 181.63 | 326.97 | 532.5 | 1345.1 | 1353 | 1360 | 1675.5 | 1960 | 4717 | 2638 | 2338 |
| 污染治理投资/亿元 | 1411.4 | 1434.7 | 27866 | 3774.4 | 3563 | 4354 | 28845 | 48279 | 16344 | 2638.2 | 2338.7 |
| 人均消耗能源/(吨标准煤/人) | 27.11 | 53.51 | 56.1 | 98.92 | 112.2 | 135.1 | 148.67 | 174 | 188.3 | 213.91 | 235.44 |
| 森林覆盖率/% | 31.4 | 39.8 | 49.2 | 58.48 | 59.2 | 60.2 | 60.5 | 61.5 | 61.9 | 61.5 | 62 |
| 天然林面积/万公顷 | 32.49 | 52.28 | 57.56 | 50.97 | 50.97 | 50.97 | 50.97 | 50.97 | 51.57 | 51.57 | 51.57 |
| 荒山荒地造林面积/公顷 | 38433 | 12024 | 75205 | 17292 | 19376 | 16169 | 10914 | 17734 | 12829 | 8292 | 10241 |
| 林地利用率/% | 61.78 | 79.39 | 85.7 | 84.44 | 84.6 | 85.1 | 84.2 | 86.3 | 87.54 | 88.12 | 88.56 |
| 耕地面积/公顷 | 431427 | 427852 | 418185 | 438422 | 435538 | 419123 | 425350 | 419498 | 418196 | 424886 | 422835 |
| 有林地单位面积蓄积/万立方米 | 60.46 | 53.96 | 43.17 | 41.26 | 42.57 | 43.28 | 44.93 | 45.31 | 47.42 | 46.8 | 47.3 |
| 森林生态效益/亿元 | 1965.5 | 2013.1 | 2055.8 | 2106.6 | 2131 | 2139 | 2154.8 | 2163 | 2267 | 2326.45 | 2410.13 |

# 附录 B　专家调查问卷

尊敬的专家学者：

您好！本人正在进行关于《海南热带森林资源变动下经济、社会和生态协调发展研究》的博士论文研究，为了更加客观和科学地分析森林资源变动对经济、社会和生态协调发展各因素的影响程度，并有针对性地提出相应的应对措施，从而提升协调发展水平，制作了本调查问卷。

为了确定各影响因素之间的关系，依据您的自身经验，请填写这张调查表。各影响因素之间采用“0～3”分制表示影响程度，其中“0”表示 $F_i$ 对 $F_j$ 没有影响，“1”表示 $F_i$ 对 $F_j$ 低程度影响，“2”表示 $F_i$ 对 $F_j$ 中程度影响，“3”表示 $F_i$ 对 $F_j$ 高程度影响。

**表 B　经济、社会和生态协调发展影响因素调查表**

| 影响程度 | 自然条件 $F_1$ | 森林资源状况 $F_2$ | 区位条件 $F_3$ | 旅游及流动人口 $F_4$ | 居民受教育程度 $F_5$ | 林业的经营者数量 $F_6$ | 经济发展水平 $F_7$ | 热带经济林发展水平 $F_8$ | 林业投资水平 $F_9$ | 交易市场的完善程度 $F_{10}$ | 国际旅游岛战略 $F_{11}$ | 森林资源保护和补贴政策 $F_{12}$ | 森林法的实施效果 $F_{13}$ |
|---|---|---|---|---|---|---|---|---|---|---|---|---|---|
| 自然条件 $F_1$ | | | | | | | | | | | | | |
| 森林资源状况 $F_2$ | | | | | | | | | | | | | |
| 区位条件 $F_3$ | | | | | | | | | | | | | |

续表

| 影响程度 | 自然条件 $F_1$ | 森林资源状况 $F_2$ | 区位条件 $F_3$ | 旅游及流动人口 $F_4$ | 居民受教育程度 $F_5$ | 林业的经营者数量 $F_6$ | 经济发展水平 $F_7$ | 热带经济林发展水平 $F_8$ | 林业投资水平 $F_9$ | 交易市场的完善程度 $F_{10}$ | 国际旅游岛战略 $F_{11}$ | 森林资源保护和补贴政策 $F_{12}$ | 森林法的实施效果 $F_{13}$ |
|---|---|---|---|---|---|---|---|---|---|---|---|---|---|
| 旅游及流动人口 $F_4$ | | | | | | | | | | | | | |
| 居民受教育程度 $F_5$ | | | | | | | | | | | | | |
| 林业的经营者数量 $F_6$ | | | | | | | | | | | | | |
| 经济发展水平 $F_7$ | | | | | | | | | | | | | |
| 热带经济林发展水平 $F_8$ | | | | | | | | | | | | | |
| 林业投资水平 $F_9$ | | | | | | | | | | | | | |
| 交易市场的完善程度 $F_{10}$ | | | | | | | | | | | | | |
| 国际旅游岛战略 $F_{11}$ | | | | | | | | | | | | | |
| 森林资源保护和补贴政策 $F_{12}$ | | | | | | | | | | | | | |
| 森林法的实施效果 $F_{13}$ | | | | | | | | | | | | | |

# 索　引